FATCHI ENCYCLOPEDIA

# 肥志百科3

# 原來你是這樣的動物 A篇

肥志 編繪

時報出版

# 肥志百科3 原來你是這樣的動物 A篇


編　　繪　肥　志
主　　編　王衣卉
企劃主任　王綾翊
全書排版　evian

第五編輯部總監　梁芳春
董　事　長　趙政岷
出　版　者　時報文化出版企業股份有限公司
一〇八〇一九臺北市和平西路三段二四〇號
發行專線　（〇二）二三〇六六八四二
讀者服務專線　（〇二）二三〇四六八五八
郵　　撥　一九三四四七二四 時報文化出版公司
信　　箱　一〇八九九臺北華江橋郵局第九九信箱
時報悅讀網　www.readingtimes.com.tw
電子郵件信箱　yoho@readingtimes.com.tw
法律顧問　理律法律事務所　陳長文律師、李念祖律師
印　　刷　勁達印刷有限公司
初版一刷　2023 年 1 月 13 日
初版二刷　2024 年 6 月 21 日
定　　價　新臺幣 450 元





肥志百科 3：原來你是這樣的動物 A 篇 / 肥志編 . 繪 . -- 初版 . -- 臺北市：時報文化出版企業股份有限公司 , 2023.01
212 面 ;17*23 公分
ISBN 978-626-353-271-7( 平裝 )

1.CST: 科學 2.CST: 動物 3.CST: 漫畫

307.9　　111020344

# 目錄



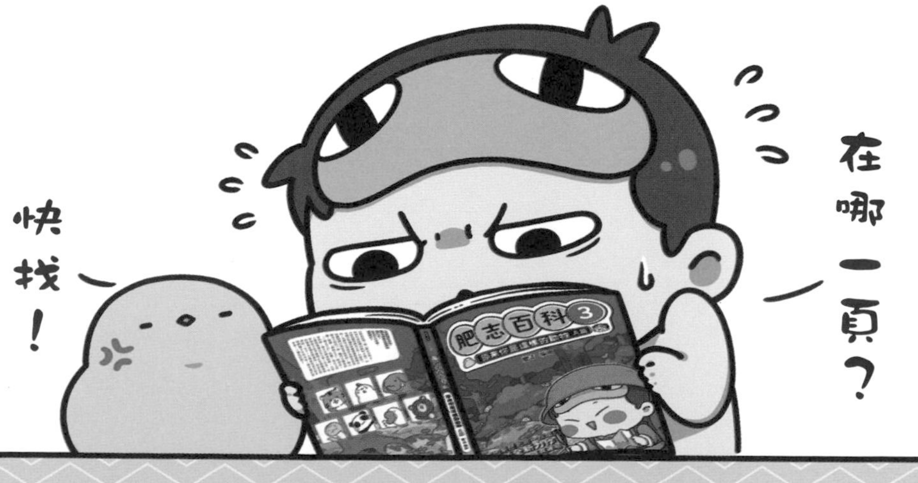

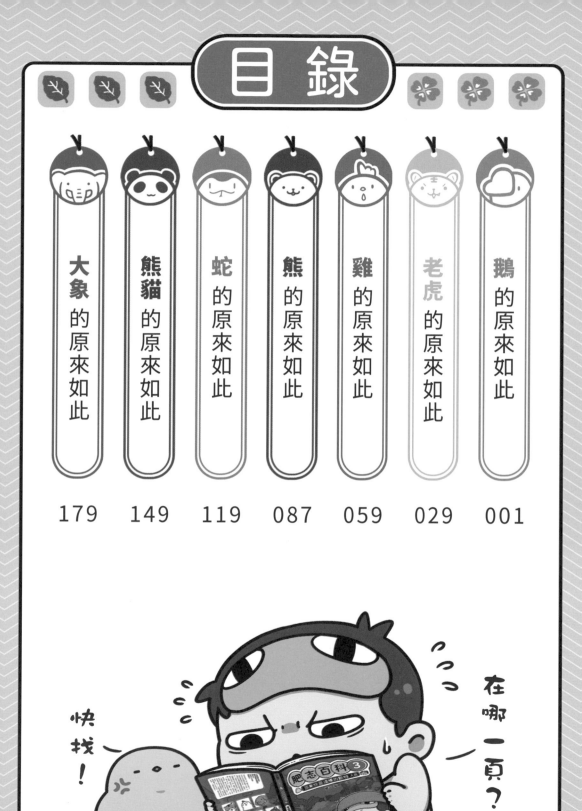

# 鵝的原來如此

你一定知道**鵝**吧……

**沒錯！**說的就是那個

**白白的、**

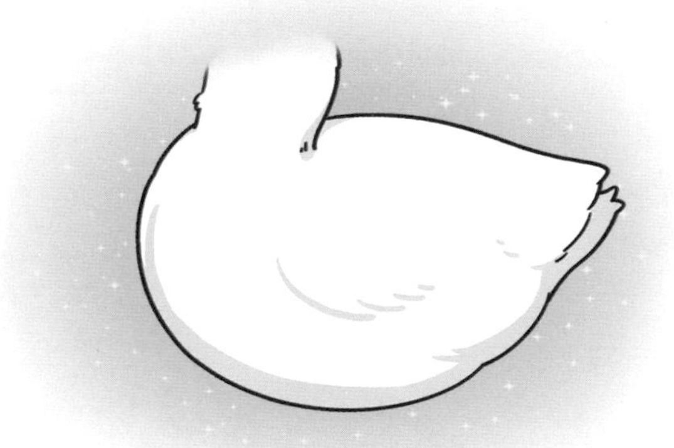

**軟軟的、**

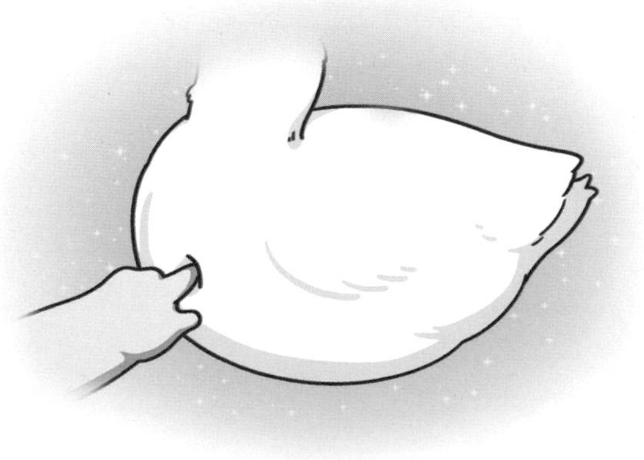

**胖胖的……**

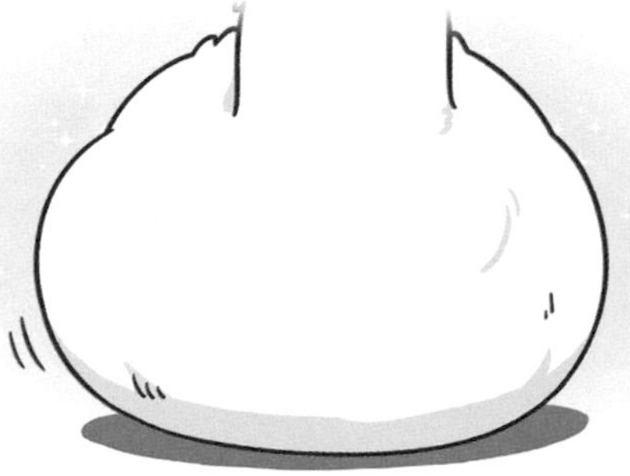

雖然**總是**一副**傻白甜**的樣子，

可這傢伙**暗地裡**⋯⋯

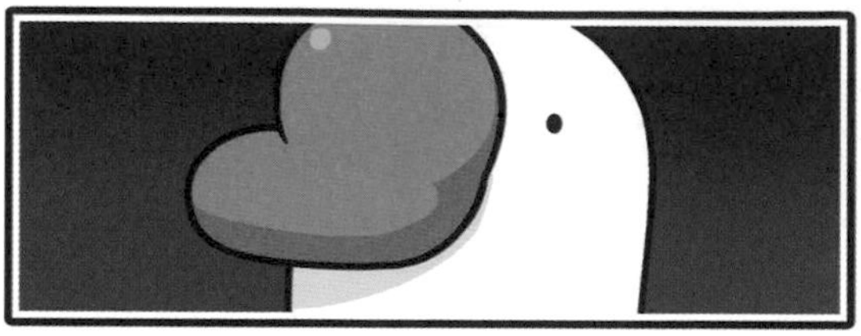

卻是一個**惡霸**！！

無論是看門的**大狗**，

還是制霸天空的**老鷹**，

甚至**人類**……

**都受到**過大鵝的**「欺凌」**。

宋代《**仇池筆記**》
就有這樣的**記載**：

**鵝能警盜**
**亦能卻蛇**
**其糞殺蛇**
《仇池筆記》

意思就是：
鵝用**便便**就能把蛇**做掉**……

不過話說回來，

鵝的**硬體條件**好像也**不怎麼樣**啊⋯⋯

為什麼能這麼**橫著走**呢？

首先是**嘴**，

鵝的喙不僅**硬**，而且**有鋸齒**！

攻擊時牠會**咬住**對方的**肉**，

然後**扭**！

就**憑這招**，鵝就**咬死**過**孔雀**……

接著是**捶**，

也就是把**翅膀**全力**掄**到對方身上。

（王八拳？）

這幾招連著用，
鵝根本就是**「魚肉鄉里」**。

但……
比牠猛的禽、獸**多得是**啊！

**為什麼鵝給人的印象這麼深刻呢？**

總體而言，

鵝……**很機警！**

人或其他「大型動物」

都能讓牠進入**「戰鬥狀態」**。

而且鵝還有**很強**的**領地意識**，

當有**危險**時，
就會大聲**發出警告**。

有些脾氣比較火爆的，
甚至**直接「動手」**。

很多**路人**
就是這麼**躺槍**的……

因為這種**「好勇鬥狠」**，
鵝的**「名氣」**越來越大！

不過呢，
倒也**不全是**負面新聞。

西元前 4 世紀，

**高盧人**計畫**夜襲**羅馬城。

**結果呢……**

剛潛進去就遇到**一群鵝**……

一時間**鵝聲大震**，

喊來了羅馬士兵，

羅馬城這才**倖免於難**。

**當然**，
當打手和守門員
才**不是**鵝的唯一**歸宿**。

畢竟**顏值**還是**「主流」**的！

我國古代著名書法家**王羲之**

就是個**鵝迷**。

他曾為得到一群鵝，

抄了**三千多字的《黃庭經》**

去跟鵝主人換。

（這可是很值錢的呀！！！）

而人們最念念不忘的還是

**鵝肉的美味，**

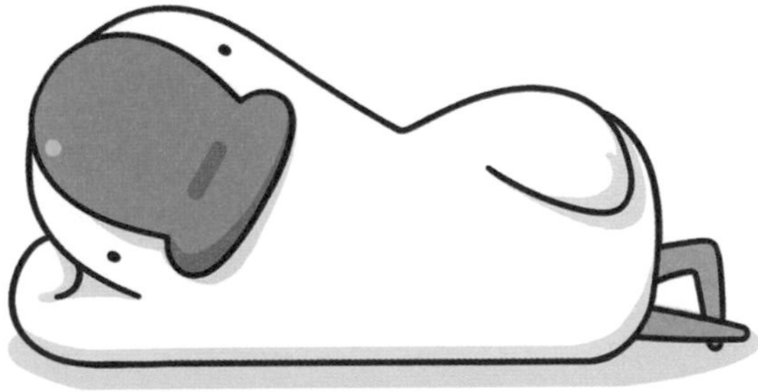

無論是**燉的、**

**滷的、**

**燒的**……

反正，**鵝**……

**真好吃！**

然而，

牠的**美味**也給牠帶來了**災難**。

例如：**香煎鵝肝**，

這道被稱為

高級西餐廳**標準菜單**的名菜，

美味的鵝肝背後卻是**殘忍的對待**……

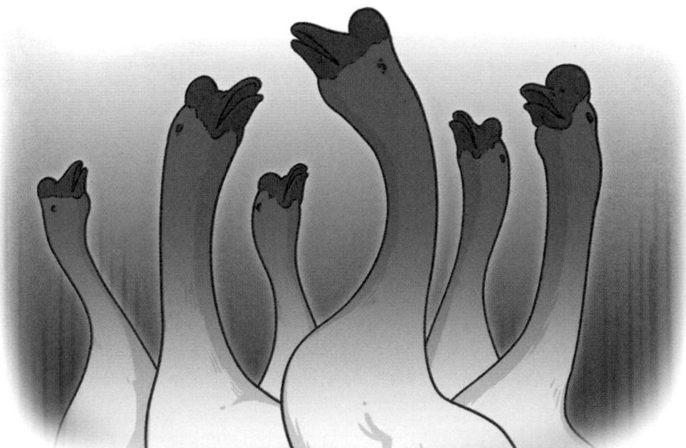

為了**得到**足夠**肥美**的肝臟，

飼養者會給鵝**灌飼料**，

讓鵝肝變成**脂肪肝**。

這樣的作法會**嚴重傷害**鵝的**身體**，

且**直到死亡**後才能**解脫**……

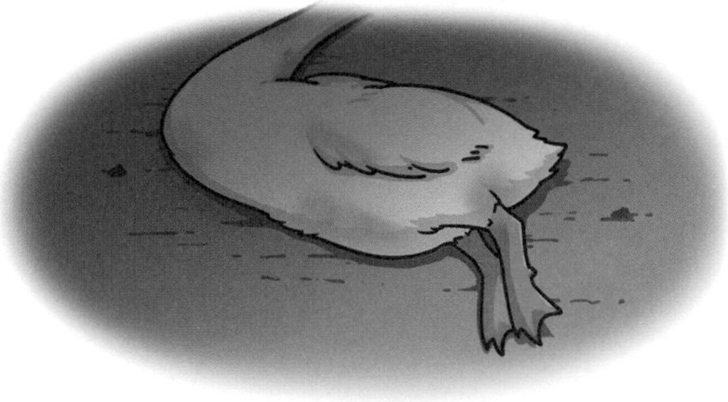

由於過程太過殘忍，
**1998 年**歐盟動物健康和動物福利
科學委員會**發布調查報告**，

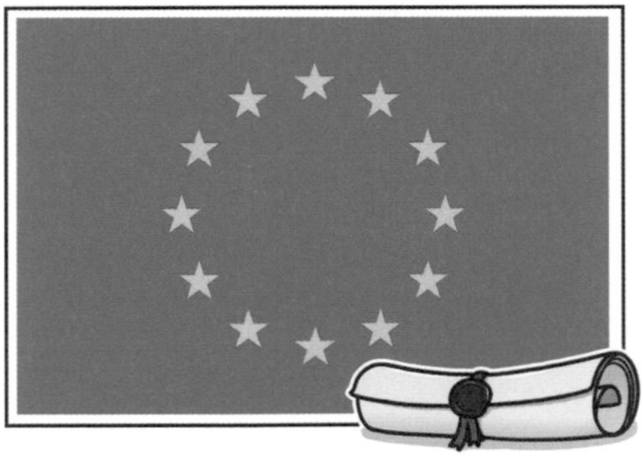

呼籲各國**停止強制餵養**。

鵝的命運這才**有所好轉**。

隨著社會的發展，
越來越多的人開始**反思**：

我們究竟該**如何對待**身邊的生命。

畢竟作為**生物之一**的我們，
是不是應該對其他生物
有**最起碼的尊重**呢？

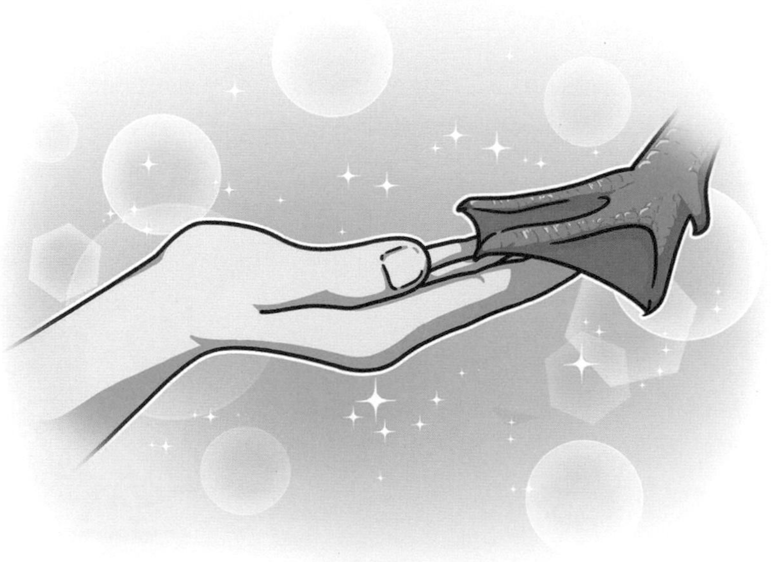

**【完】**

# 附 錄

## 【兩大祖先】

鵝是最早被人類馴化的家禽之一，主要由鴻雁和灰雁兩種野雁馴化而來。一般認為：中國鵝的祖先是鴻雁；歐洲鵝的祖先則是灰雁；除此之外的其他鵝種，也都是由鴻雁、灰雁或者牠們的後代馴化而來。

## 【中國鵝】

中國鵝是中國培育的古老鵝種，也是全世界公認的優良鵝種。牠們產蛋量高、適應力強，體態非常優美。除了在中國廣泛養殖，還被引進到世界很多國家和地區，用於改良當地鵝種。

# 附錄

## 【玉鵝】

古代中國養鵝的歷史至少可以追溯到商代。1976 年，考古工作者在河南發現了商王后婦好的墓，墓中出土了三件玉鵝，表示古代中國養鵝的歷史至少已有 3000 年。這些玉鵝非常精緻華美，部分藏於中國國家博物館之中。

## 【亂認媽媽】

如果幼鵝孵化時母鵝不在牠們身邊，幼鵝會把自己破殼看到的第一個移動物體認作「媽媽」，並緊緊跟隨牠。這種生物學現象學名叫「銘印行為」，是許多鳥類和哺乳動物出生後追隨母親的一種動物本能。

# 附錄

## 【總統也怕鵝】

美國前總統、第二次世界大戰歐洲盟軍最高統帥艾森豪也曾被鵝欺負過。4歲那年，他曾被一隻好鬥的鵝當作入侵者追趕，嚇得又哭又跑，不過最後在叔叔的指導下，他用一支掃帚將鵝打敗了。

## 【吃的是身分】

在明代，地方政府每年有設宴招待民間鄉紳、地方名士的慣例，俗稱「鄉飲酒禮」。這種宴請分有上席、上中席、中席、下席，只有上席才會準備一隻鵝，而其他等級的席位則會用雞來代替。

# 另外就是

**肝臟**是鵝合成脂肪的主要部位。鵝被強制餵食後，肝臟合成的脂肪來不及轉運，就會形成富含脂肪的肥肝。很多人覺得西餐中的「鵝肝」口感醇厚細膩，正是因為這個緣故。但是，強制餵食鵝同時也涉及一個嚴肅的社會問題——動物福利。一九九八年，歐盟動物健康和動物福利科學委員會發布《鴨鵝肥肝生產中的福利問題》，證明強制填餵會導致鴨鵝疼痛、行動困難、肝損傷、骨折甚至死亡，指出人們應該停止強制餵食並為鴨鵝提供合理的飼養條件。有人質疑：家禽和牲畜本就是養來殺掉食用的，何必還要在乎牠們的痛苦？關於這個問題，學者柯林．斯伯丁在《動物福利》一書中有過回答，其中一點是「因為牠是任何生活在文明國度裡公民的義務」。人類的發展歷程是一段從野蠻走向文明的過程，關注動物的福利，就像是在照一面名為「文明」的鏡子，可以看清我們的內心。

# 肥志與小黃

## 四格小劇場

【第13話 挑食】

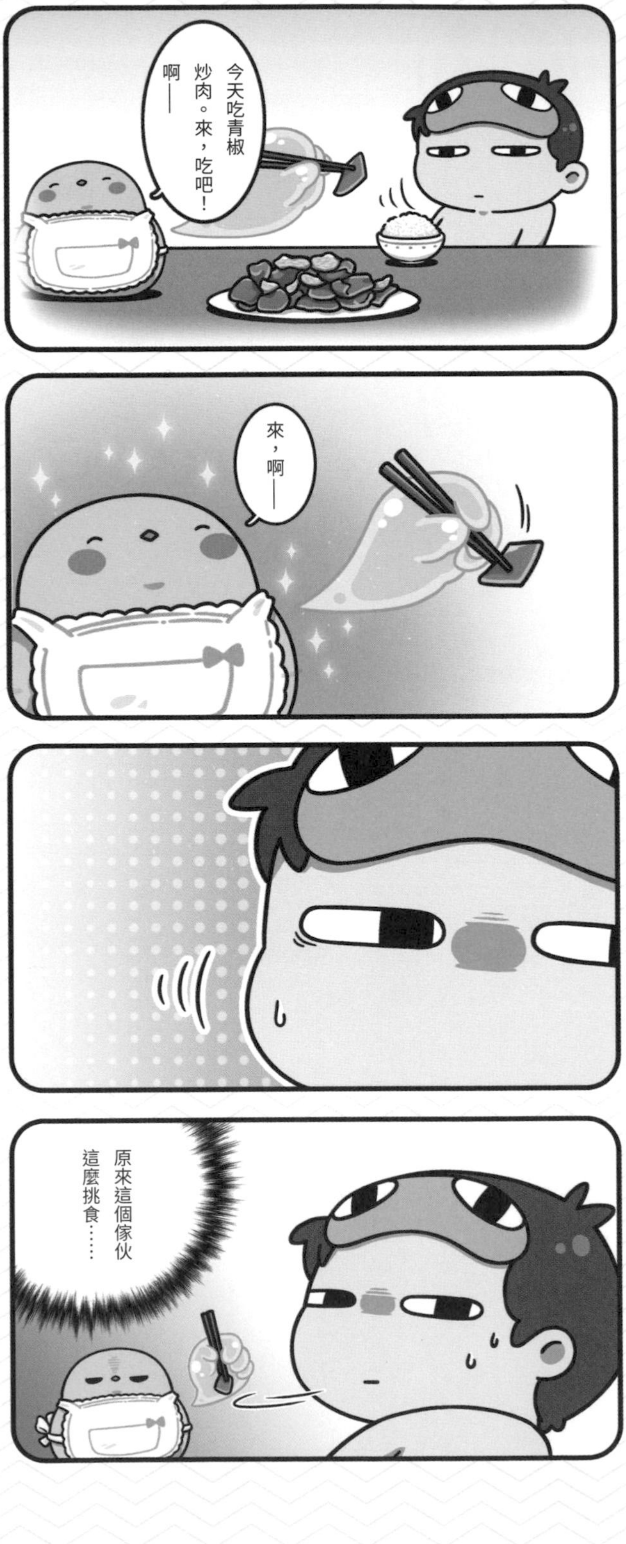
今天吃青椒炒肉。來，吃吧！啊——
來，啊——
原來這個傢伙這麼挑食……

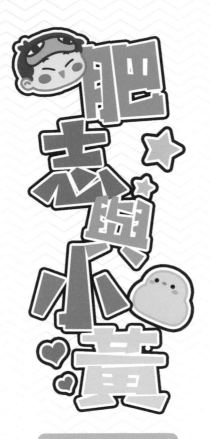

# 老虎的原來如此

**大約在**

**亞洲大陸**上，

**出現**了一群**猛獸**。

牠們如同**幻影**一般，
在森林中**移動**，

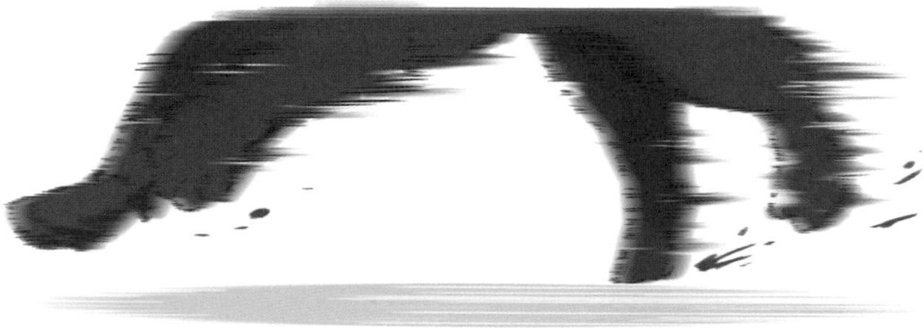

然後**突然現身**，

**取走**弱者的**性命**，

徒留倖存者**瑟瑟發抖**……

這就是**百獸之王**——

**老虎！**

說起**老虎**，

那在**森林裡**基本是**無敵的**！

一巴掌，

能**拍斷**鹿的**脖子**！

**咬合力，**
比獅子還**強**！

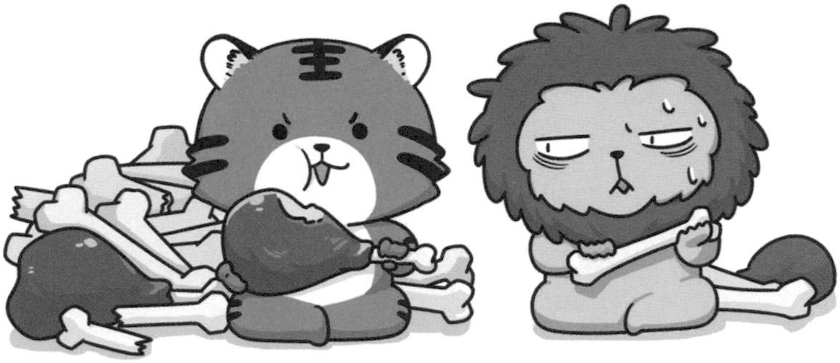

不過呢……
如果你以為老虎**只會用蠻力**，

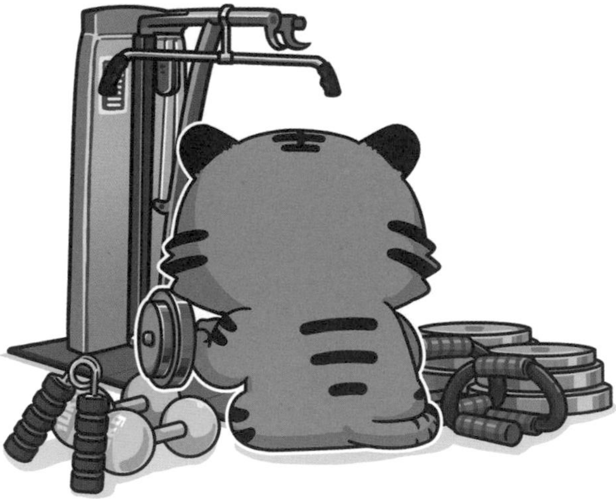

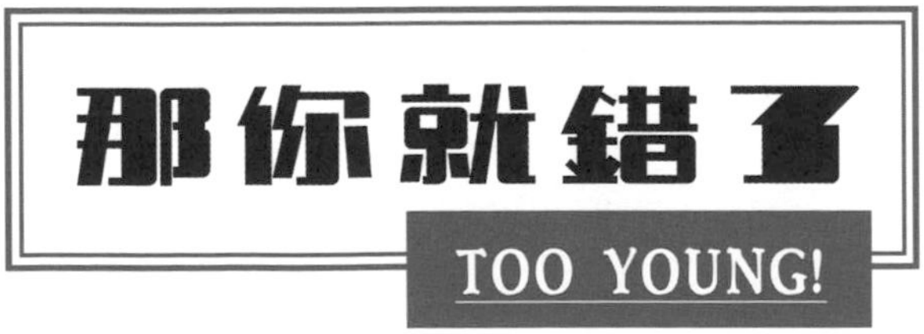
那你就錯了
TOO YOUNG!

因為人家明明**可以靠實力**，

卻更喜歡**玩陰的**……

例如：不等到**獵物靠近**，
老虎絕不出手！

老虎如此**瀟灑霸氣**，
自然受到了人們的**崇拜**和**喜愛**。

例如：朝鮮半島的**高麗王朝**，

就**宣稱**自己的開國皇帝

是**老虎的後代**。

而我們的**祖先**也**不能免俗**，

他們認定**白虎**

就是掌管西方星宿的**神獸**！

甚至認為老虎有**神力**，
可以**借來**用一用。

**就像春秋**時期晉楚**爭霸**，

晉國大將胥臣奉命**迎戰**楚軍。

楚軍**勇猛**異常，

危急時刻胥臣**靈機一動**，

他在自己和部下的**馬背**上

都**披上**了**虎皮**！

楚軍的戰馬看到「假老虎」，

瞬間嚇傻……

**最終**晉軍取得了**勝利**！

然而，老虎**再厲害**，
終究**敵不過**人類。

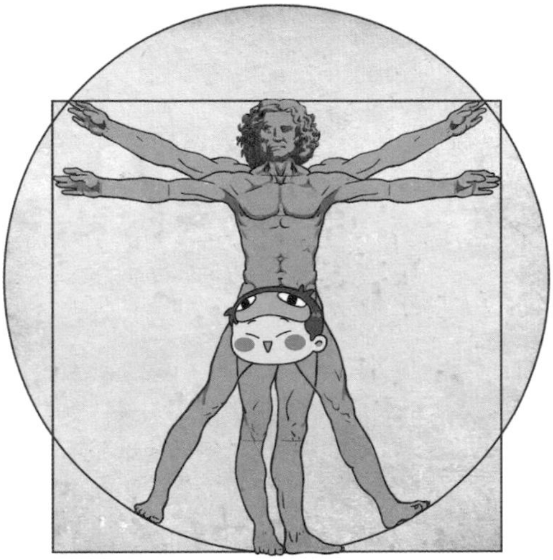

**人類**成為自然界**扛霸子後**，
老虎的**災難便開始了**……

19 世紀，**「老虎大國」印度受英國侵略**，

**淪為**了英國的**殖民地**。

對英國貴族來說，

**老虎**這種「大貓」**太新鮮了**！

出於**好玩和比較炫耀**，

印度統治階級
**掀起**一場獵虎的**風潮**。

甚至有時一人就**殺掉**了
**一千**多隻**老虎**！

到了 **20 世紀**，
歐美又興起了**虎皮「時尚」**。

**虎皮製品**受到人們的追捧，

讓**獵虎**變得更加**瘋狂**……

而在**中國**，
由於**人口增加**，

老虎則**成了**人類擴張地盤的
巨大**障礙**。

在越演越烈的**人虎衝突**中，

無數**老虎**倒在**槍口下**……

在**種種因素**的共同作用下，
全球野生老虎**總數驟減**。

從 20 世紀初的 **10 萬隻**，
減少到現在**不足 4000 隻**……

老虎……成為**國際公認**的
瀕危**保護動物**。

數量的銳減讓人們
開始紛紛建立**野生老虎保護區**，

同時制定虎製品貿易**禁令**
以阻止**獵殺**。

然而，**恢復野生老虎數量**
卻比想像中**更艱難**……

因為**除了**人類的**殺害**，
老虎還時刻**面臨**著
另一大**生存問題**，
**那就是：**

# 棲息地不足

例如：**一隻**雌性東北虎的
**領地**面積要 450-500 平方公里。

# 450-500 平方公里

大小相當於 6 萬 -7 萬個足球場。

# 6萬-7萬個

**可是，**

由於人類無節制的**汙染和砍伐**，

適合老虎生存的**森林**早已**所剩無幾**……

那麼**作為**一個**普通人**，

**我們又能為這些**

**瀕危的「大貓」做什麼呢？**

最**觸手可及**的
就是**保護環境**。

例如：**節約和回收**紙制用品，

少用**免洗製品**，

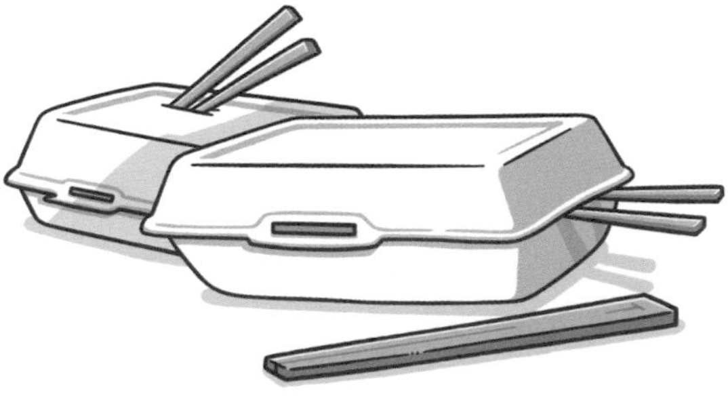

還有多植樹。

也許這樣，
某個地方就能**多一片森林**
被保存下來……
**多一隻老虎能**活下來……

事實上，
對**自然環境**充滿**依賴**的又**何止老虎**？
就連我們**人類**自己**都離不開它**。

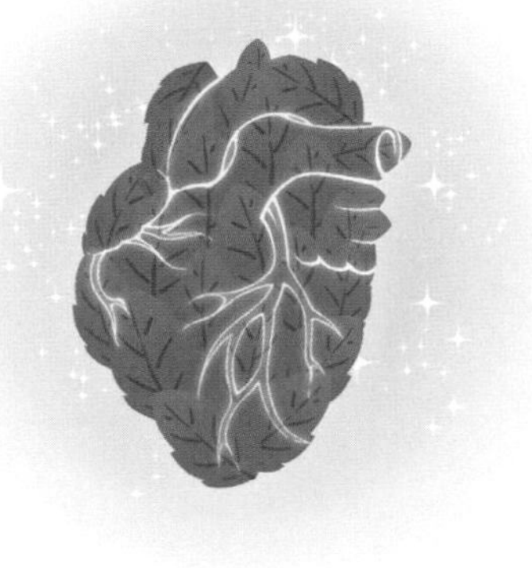

只有**保護**好**大自然**，
**珍惜**、**愛護**大自然裡的**動物**們，

我們也許才有資格說，
**我們能讓世界變得更美好**……

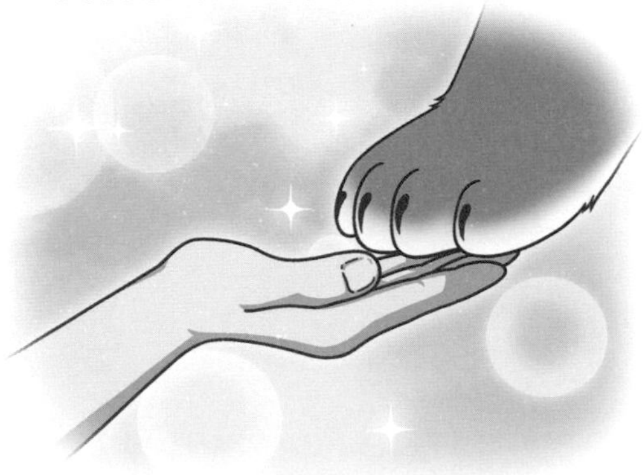

**【完】**

# 附錄

## 【百獸之王】

老虎有「百獸之王」之稱，牠們以食肉為生，是現存體型最大的貓科動物。按照生物分類學，老虎曾經有過九個亞種，其中三種已經徹底滅絕。在現存的六個亞種中東北虎體型最大，蘇門答臘虎體型最小。

## 【東北虎】

東北虎，又叫西伯利亞虎，是世界上體型最大的老虎亞種。牠們最大體長可達 2.8 公尺，最大體重在 350 公斤以上，主要出沒於西伯利亞和我國東北地區。其野生數量在 500 隻以上，屬於世界自然保護聯盟（IUCN）劃定的瀕危物種（EN）。

## 附錄

### 【白老虎】

白老虎是孟加拉虎在自然條件下極為罕見的基因突變。牠們的皮毛呈白色，斑紋依然為黑色。造成這種現象的原因是突變後的基因抑制了體內紅色素和黃色素的合成，但對生成黑色斑紋的真黑色素影響非常小。

### 【白虎之哀】

人類關於白虎的記錄可以追溯到 16 世紀，但直到 1951 年才誘捕到一隻名叫「莫罕」（Mohan）的幼虎。人們今天在動物園裡看到的白虎都是人類利用莫罕近親繁殖的後代。然而，近親繁殖也導致了白虎容易出現早夭、多病以及畸形的問題。

# 附錄

## 【虎頭虎腦】

在民間，人們認為兇猛的老虎屬於「陽物」，可以驅邪避鬼。因此，老虎就成了孩子最好的守護神。小朋友會戴上虎頭帽，穿上虎頭鞋，在端午那天還會用雄黃酒在額頭上寫「王」字。

## 【中華虎嘯】

中國相當保護老虎，不僅將老虎列為國家保護野生動物，還發布了禁止虎骨貿易的命令。同時，也建立了大量老虎的國家級自然保護區，截至 2011 年共有 15 處。

# 另外就是

同為食物鏈頂端的強者，人與虎的糾葛由來已久。上古時期，自然資源豐富，人類對老虎的感情主要是敬畏，把牠視為力量的象徵和部落的圖騰。我國彝族有一支名為「羅羅」的支系，「羅」字就是虎的意思。

隨著人類的繁衍，人、虎出現了資源之爭。人類毀林造田入侵老虎的領地，老虎則傷食人畜發起反擊。史料顯示，明朝中後期至清朝初期發生過起大規模的「虎患」。陝西、福建、江西等多地遭受襲擊，大量平民傷亡。在這樣的背景下，各地政府開始有組織地打虎、防虎，野生虎的數量因此暴減。加上缺少棲息地和盜獵，在這場長達千年的人虎之爭中，老虎先低下了頭……

如今我們知道人類的發展不能以破壞生態為代價，需要找到與自然和諧相處的平衡點。就像人虎關係，彼此都是大自然中的一員，如果不能平等相待，最終將會是人類的損失。

# 肥志與小黃

## 四格小劇場

【第14話　錯覺寶燈】

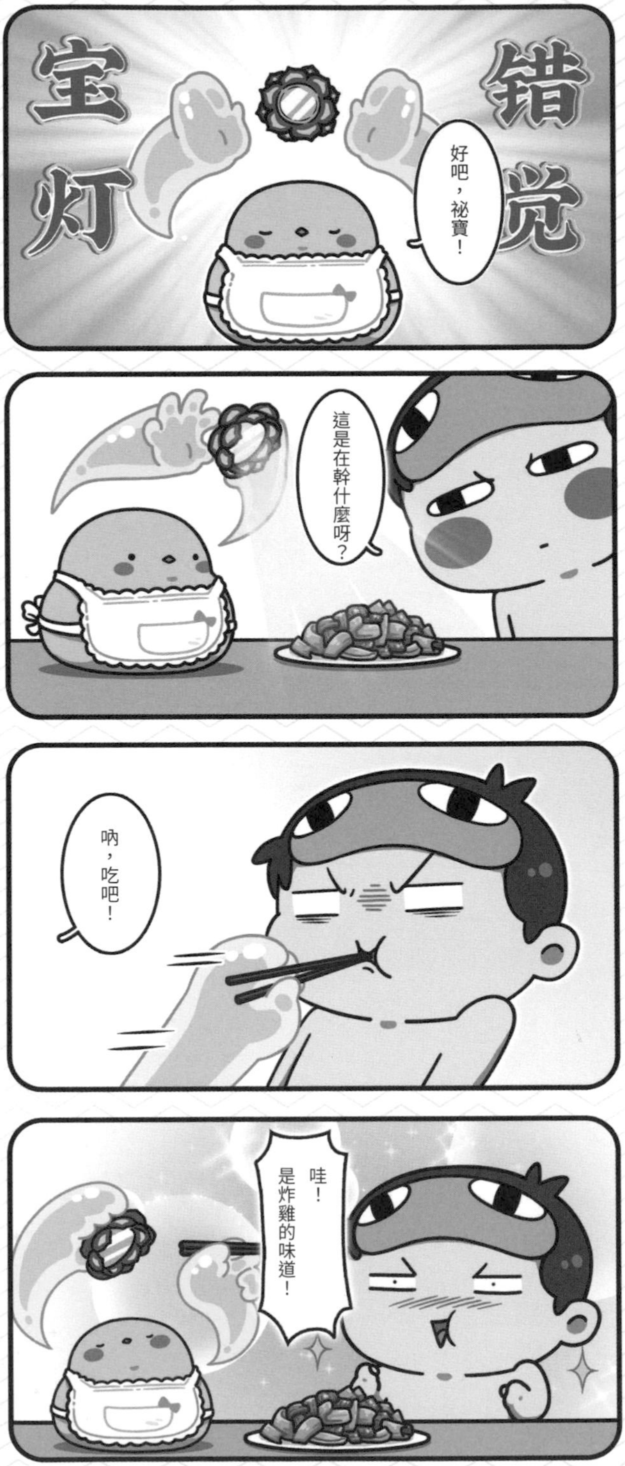
错觉
宝灯
好吧，祕寶！
這是在幹什麼呀？
吶，吃吧！
哇！是炸雞的味道！

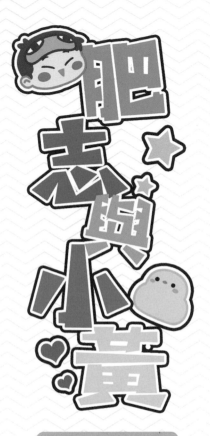

# 雞的原來如此

## 中國人為什麼這麼喜歡雞？

我們先來講一個神話故事。

**據說，**

世界初始是一片混沌。

**烏漆嗎黑**

**什麼也沒有**

西方的神話是這麼說的，
「上帝用七天創造了世界」。

第一天，**神說：**

「要有光。」
Let there be light.

於是就有了光。

**嗯……**

那麼**咱們的**神明第一天做了什麼呢？

咳咳……

他做了隻**雞**……

宋代《太平御覽》的原話是：

太平御覽
平興國二年
天地初開
以一日做雞
七日做人

**大白話就是：**

「創世之初，

我們的神明**第一天**做了一隻雞，

到**第七天**才做出了人。」

這就讓其他小動物

**很尷尬**……

畢竟雞單論**體格**比不上牛，

論**威武**又比不上老虎，

怎麼就讓雞享受如此**待遇**呢？

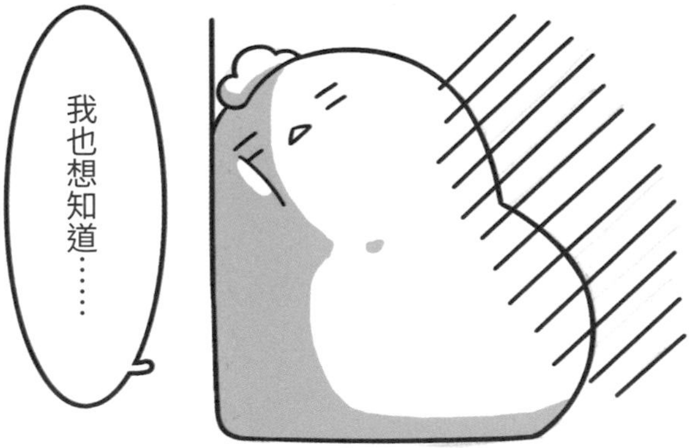


別急……

**我們來分析一下。**

Come on

雖然我們家雞都是圓滾滾的，

傻白甜

但牠們的祖先原雞可是
仙風道骨般的存在！

邪魅狂狷

是不是跟鳳凰
**有點像？**

鳳凰
PHOENIX

《山海經》中就提到過：

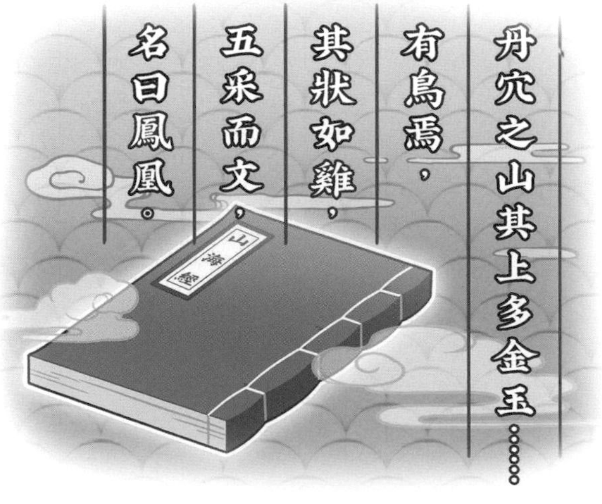
丹穴之山其上多金玉……
有鳥焉，
其狀如雞，
五采而文，
名曰鳳凰。
山海經

也就是說，

**鳳凰可能長得就像雞。**

而湖北也傳唱著一支歌謠：

**「雞子雞子你
莫怪，你是人
間一碗菜，今
日持刀將你
宰，變隻鳳凰
再飛來。」**

**翻譯下就是：**
今天我把你吃了真抱歉，
但你死了是可以變成鳳凰的。

所以我們推測，
最早被古人**崇拜**的「鳳」就是**原雞**。

古人因為**「不科學」**，
所以會把身邊的動物當作守護神。

而對原雞的崇拜不斷**加深**後，
自然就演變成華麗的鳳凰了。

現實的自己……

粉絲眼中的自己！

除了鳳凰，
雞還撞臉另一位「神鳥」——
**重明鳥**。

傳說這種鳥有兩個瞳孔，
**「狀如雞，鳴如鳳」**。

（還能驅邪避惡！）

我們的五帝之一舜，據說就是牠的化身！

這麼厲害的鳥，居然也像雞，
可想而知雞的地位有多重要了。

**但是**，既然要當保護神，
光有顏值肯定是不妥的。
根據我們祖先的觀察，**雞還很有氣質！**

具體來說，
就是雞有「五德」。

五德

首先，雞有「帽子」，
很像書生戴的**冠帽**。

文德
CIVILITY

其次，雞腳上**有距**，走路霸氣。

武德
STRENGTH

再次，雞還很**勇敢**。

**勇德**
COURAGE

【鬥雞】

另外，有吃的也總能**想到別人**。

**仁德**
BENEVOLENCE

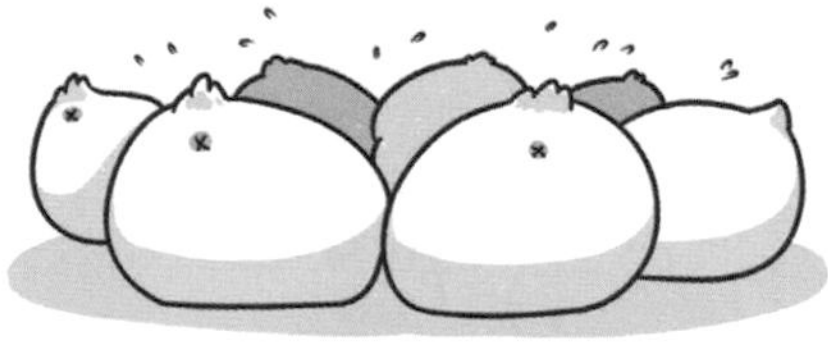

最後，
雞有信用，每天按時鳴叫**從不曠職**。

**信德**
INTEGRITY

居然好有道理……
所以，
是不是開始覺得雞有點「**厲害**」。

**那麼問題就來了，**
雞有這麼多優點，
神明到底看上了雞的
哪一點呢？

在我看來……

# 真相只有一個

**打鳴！**

雄雞一唱天下白！

還記得上帝

第一天說**要有光**麼？

其實道理是一樣的，
誰天黑了第一件事不想**開燈**呢？

在「不科學」的古人眼裡，
雞能**喚來光明**，驅走邪氣，
是「陽」的神奇之鳥，

# “朕能亮”

是神明的最愛！

不過到現在，
雞的神力好像慢慢地被人遺忘了……

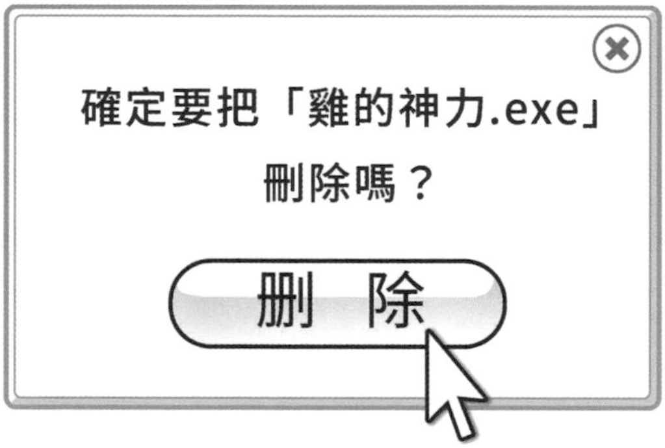
確定要把「雞的神力.exe」
刪除嗎？
刪 除

人們似乎更加記得牠有多好吃……

一搜尋雞，出來的**全是食譜**……

Google 雞

https://i3fresh.tw › favorable_2711
超夯鮮嫩好食雞(1/4隻)單入自由選- i3Fresh 愛上新鮮
選用台灣在地新鮮溫體雞，肉質緊實Q彈無雞腥味，以獨家祕製配方進行熬煮、浸泡、古法燻製等繁複工序，打造帶有QQ雞肉凍的美味好食雞！ 原價：250; 折扣：6.4折起

https://24h.pchome.com.tw › store
台灣雞老大- PChome 線上購物
台灣雞老大. ·台北市6小時到貨(試營運); ·全台灣24小時到貨，週到給100; ·非北北基22:00 ~ 12:00間下單、離島、資訊不完整、 安裝商品、ATM或7-11 ibon付款者等不在此 ...

https://www.pekoe.com.tw › 台灣食品
台灣藤舍牧業—竹地雞半雞切塊組（雞肉切塊X2包+雞高湯 ...
為了提供PEKOE朋友們穩定、優質且美味絕頂的居家常備雞肉，PEKOE與藤舍牧業合作，精心規劃各式常態上架、獨立冷凍配送的竹地雞生鮮組合，皆是一般家庭料理中的主要部位，另 ...
品牌： 台灣藤舍牧業　　商品編號： FTPIC0193

https://greentable.com.tw › product
香草雞系列
香草雞(全). 不分公母隨機出貨，經足量香草飼養，肉質香甜Q彈，富含不飽和脂肪酸與抗氧化物。 $690. 雞切塊. 本品為雞胸、雞翅切塊之商品，不含雞腿。 $215 ...

雞也因為諧音「**吉**」，

成了重大節日**必備佳餚**。

（真是躺著都中槍……）

過生日，**殺隻雞**；

結婚，**殺隻雞**；

過年，也要**殺隻雞**……

雞肉作為食用量**較高**的肉類，

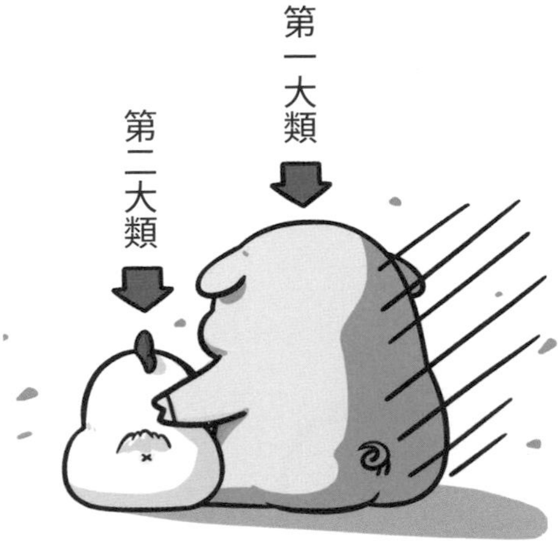


每到春節價格都飆升，
畢竟年夜飯**怎麼能沒有雞**啊！

作為十二生肖中的一個，

雞年照常**緊接著**猴年而來，
作為諧音為**「吉」**的五德之禽，
繼續庇佑著我們千家萬戶。

我回花果山過年了，今年就靠你啦！
嗯!!

吉祥的夜裡，
記得親吻一下**爸媽**，

記得擁抱下**伴侶**，

記得愛撫一下**孩子**。

可愛的「雞」和如意的「吉」

**一定會讓人更加幸福美滿。**

**【完】**

# 附錄

## 【重明鳥】

重明鳥又叫雙睛鳥，意思是每隻眼睛裡各長了兩個瞳孔。傳說中，牠會把自己的羽毛脫掉在天空中飛翔，還可以驅逐虎豹豺狼等野獸，保護人民，所以人們都將重明鳥看作一種非常吉祥的鳥。

## 【雞肉愛好者】

雞肉在中國是一種非常受歡迎的肉類，生產量和消費量都非常大。統計顯示，中國是全球第三大雞肉生產國，雞肉產量占全球的 13.9%，而我們的雞肉消費也占到了全球第七，並且還有很大的發展空間。

附錄

## 【領頭「雞」】

在我國南朝的民俗故事中，有「天雞」一說。相傳古時曾有一棵名為「桃都」的大樹，樹枝之間相距 3000 里。樹上有一隻天雞，當清晨日出的陽光照在樹上時，天雞就會打鳴，之後世上所有的公雞都會跟著一起報曉。

## 【鳥崇拜】

古人對於雞的崇拜，其實是古代圖騰崇拜中「鳥崇拜」的一種表現。《詩經・商頌・玄鳥》記載商朝人的起源是一位女子吃了一種「玄鳥」的蛋，才生下了商人的祖先，這正是古人對鳥崇拜的寫照。

# 附錄

## 【雞的生物鐘】

週末還要早起……

科學家研究發現，公雞在黎明打鳴並不完全是因為光線，更多是因為公雞和人一樣也有自己的生物時鐘。如果將公雞長時間置於黑暗中，牠們依然會定期啼叫，只不過時間越久，牠們啼叫的間隔就越不準了。

## 【雞不簡單】

科學家研究發現，雞這類動物比我們想像的更加聰明。牠們不僅有厭煩、懊惱、快樂等複雜的情緒反應，還有很強的學習能力。除此之外，還有實驗證明雞有複雜的社交行為和基本的同理心。

阿澤西，卡嘰嘛！
（大叔，不要走！）

# 另外就是

**雞**是全世界數量最多的鳥類。根據聯合國糧食及農業組織統計，二〇一八年全世界約有二百三十七億隻雞，比全世界豬、牛、羊加起來的六倍還多，證明雞對人類社會的重要性。

另外，全世界還有不少地方也賦予了雞特別的意義。傳說耶穌的門徒聖彼得因為雞鳴想起了耶穌的預言，幡然悔悟。所以，長久以來基督教都以公雞作為自己的象徵，很多教堂的頂端都會有公雞形的風向標。在日本，白雞是太陽女神天照大神的使者。相傳女神因生氣躲入岩洞，導致世界一片黑暗。眾神想了很多辦法，最後用「長鳴鳥」（也就是雞）的叫聲才把女神喚出來。

法國人更加可愛，至今依然自稱「高盧雄雞」。歷史上，公雞曾登上過法國的官印；現在則是法國國家足球隊的隊徽。一九八八年，法國人舉辦了萬眾矚目的世界盃，吉祥物就是一隻叫 Footix 的小公雞。

# 肥志與小黃

## 四格小劇場

【第15話　話不早說！】

這是我們鳳凰一族的祕寶。
牠可以改變你對事物的感受。
真的嗎？那我試一試討厭的牛奶！
啊，等一下……
哇！真的耶！
是可樂的味道……
幾小時後
你早說啊！
WC
忘了跟你說，錯覺並沒辦法改變那瓶牛奶過期的事實。

# 熊的原來如此

**你知道嗎？**

**我們**，可能是**「熊的傳人」**！

等一下……不是**龍**嗎？

咳咳……

聽我**從頭說起**——**熊**，泛指**熊科**動物。

身體通常很**魁梧**！

最大的熊，

**體長**可以達到 **3 公尺**。

也就是說，

牠站起來和**一層樓**差不多高……

有的熊**嗅覺**很**靈敏**，

但**視力**卻很**差**……

大部分的熊都是**雜食動物**。

而傳聞中

**「看到熊要裝死」**的祕訣，

其實是**沒用**的……

因為熊……

也吃**腐肉**。

就算牠**沒吃**你，
也會拿爪子**玩弄**你的**「屍體」**。

那**力道**……
玩兩下你就**真死**了……

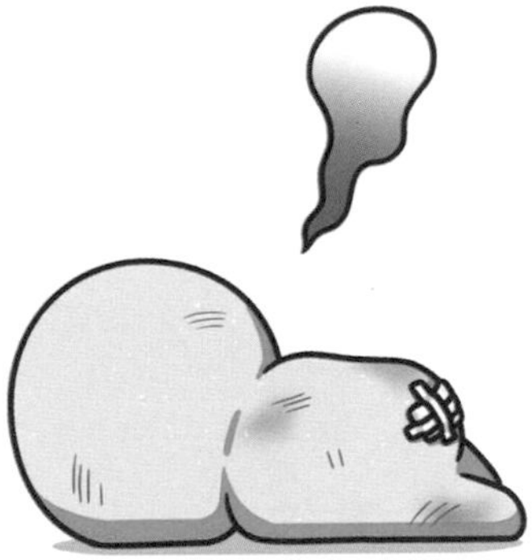

**強大**的動物
自然會受到人的**崇拜**！

熊也**不例外**，
中國人的祖先黃帝**軒轅氏**，

同時也叫**「有熊氏」**。

黃帝的**國號**也是**「有熊」**，

而這樣的崇拜**延續**了下去。

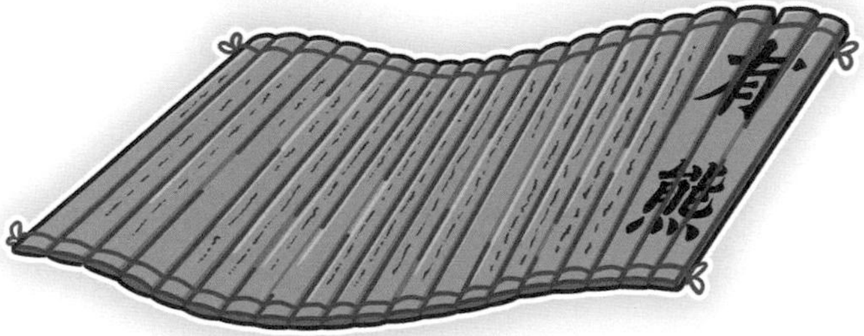


到**大禹治水**的時候，

就有大禹**化身為熊**，
**開渠挖山**的傳說。

而且因為**變身**為熊，

還把老婆**嚇昏**了……

後來，
**楚國**的皇室也**姓熊**。

戰國文物《**楚帛書**》裡
更是有著**天熊創世**的故事。

可見**熊圖騰**
在華夏民族中的**地位**！

當然，
崇拜熊的**不止**咱們國家。

隔壁**朝鮮**半島
就有「檀君開國」的故事。

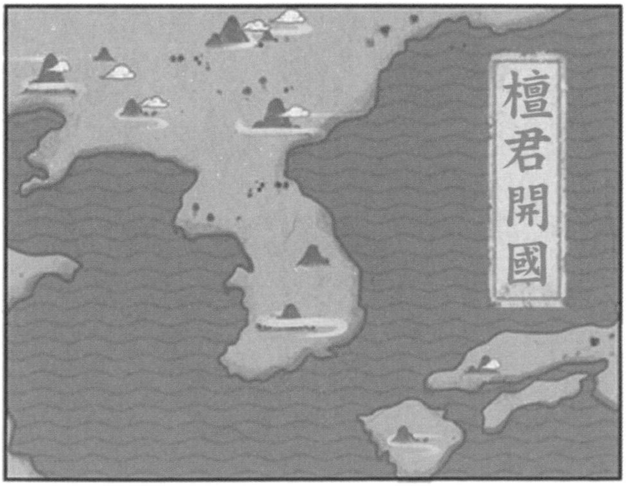

傳說有一頭熊潛心**修煉**，

100 天**不見**光……

然後化身成一個**女人**，

並生下一個孩子，
取名**「檀君」**，

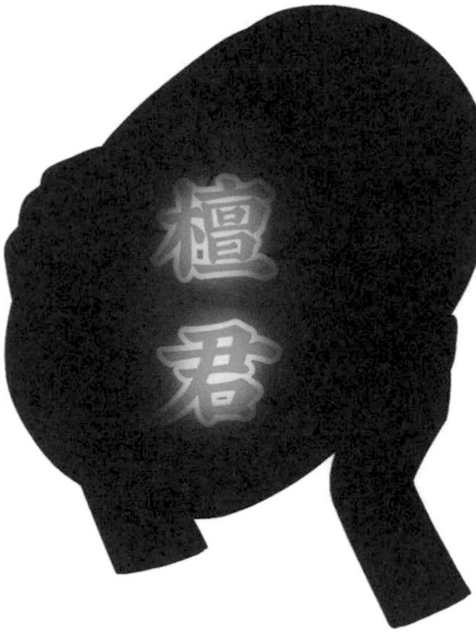


這就是古朝鮮的國王。
（不過人家隔了好幾個朝代後，又說自己是老虎的後代……）

那麼除了**強壯**外，
熊為什麼會變成
**「神聖」**的**幻想對象**呢？

這跟熊**冬眠**的**習性**有關係！

熊**冬天消失**，

**春天**又**出現**，

恰好**吻合**一年**四季循環**的**規律**。

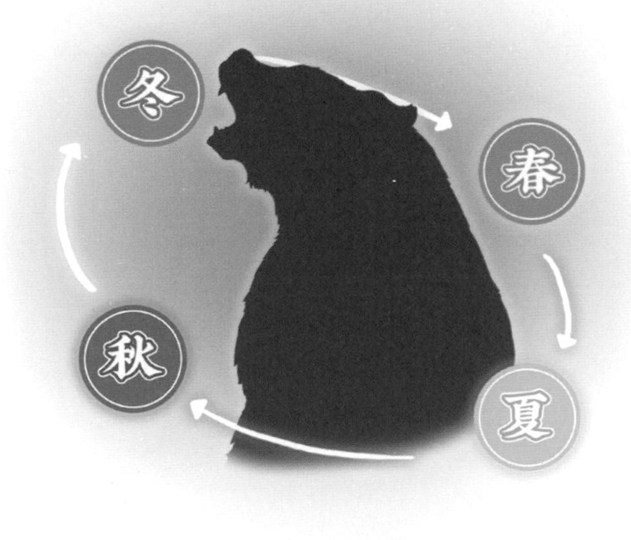


所以**古時**的人們認為，

熊，

可以**「死而復生」**！

因此「熊」變得

和**生命**有著緊密的**關聯**。

這一點可以從**語言學**裡

**表現**出來。

在**英文**裡，

bear 表示熊，

同時也有**「生育」**的意思。

在中文中，

# 能量的「能」

在**古代**就是表示熊。

（四個點則是後來才加上的）

不過，

隨著**人們**

對於野生動物的**瞭解加深**，

對熊的**神化**也**漸漸消失**……

但熊依舊**存在**於我們的**生活中**。
在**第二次世界大戰**期間，
波蘭就有個**「熊士兵」**——

一隻被軍隊**收養**的小熊，

不但不害怕**爆炸聲**，
還幫忙搬運**軍需物資**。

為了**表彰**牠，
部隊的**隊徽**
甚至改成了抱著炮彈的熊。

波蘭流亡政府第 2 兵團第 22 砲兵運補連徽章

到了今日，
各種藝術作品中的熊
更是**不勝枚舉**。

但**憨態可掬**的牠們除了**招人喜愛**之外，

也讓人**想起**了牠們的味道……

熊掌就被很多人**端上了餐桌**……

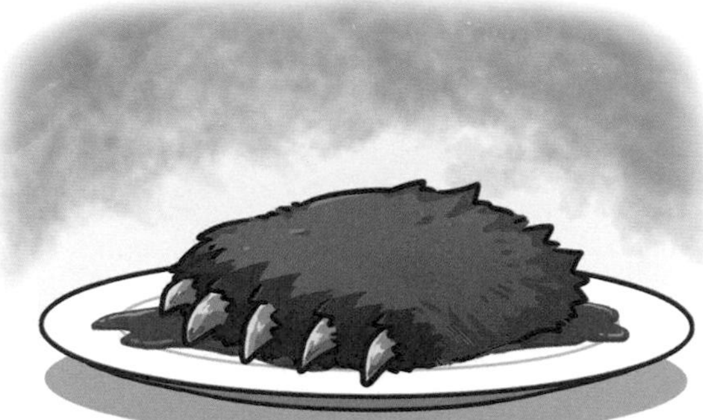

而熊的**稀有**
也使牠成了**炫富**的物品。

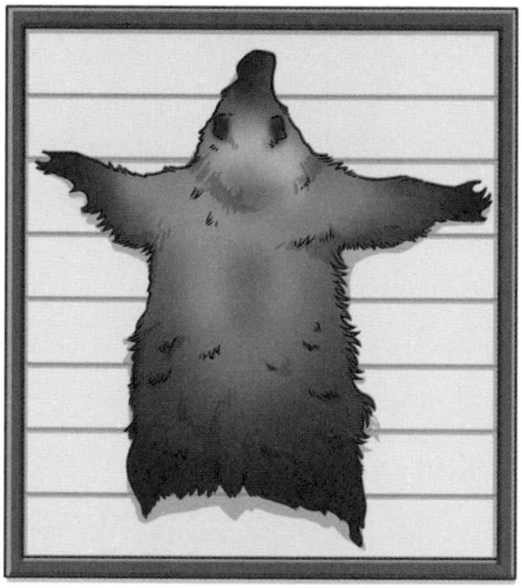

人類對熊的殺戮**屢禁不止**，

就連能夠**人工飼養**的黑熊，

在 30 年間都**減少**了約 **49%**……

而活下來的熊
也可能**遭受**另一種**殘忍**的對待，

那就是**「活取熊膽」**。

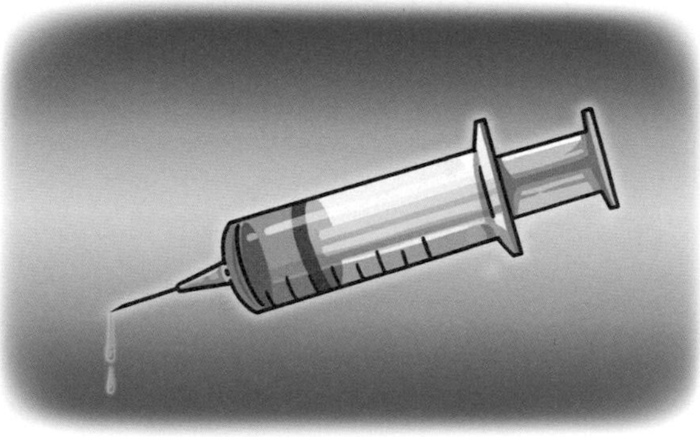

在熊的身上**開一個口**，

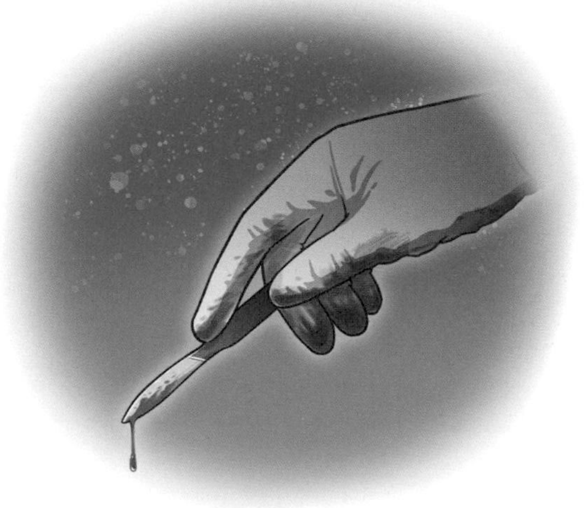

熊不但要**忍受**鋼針**抽膽汁**，

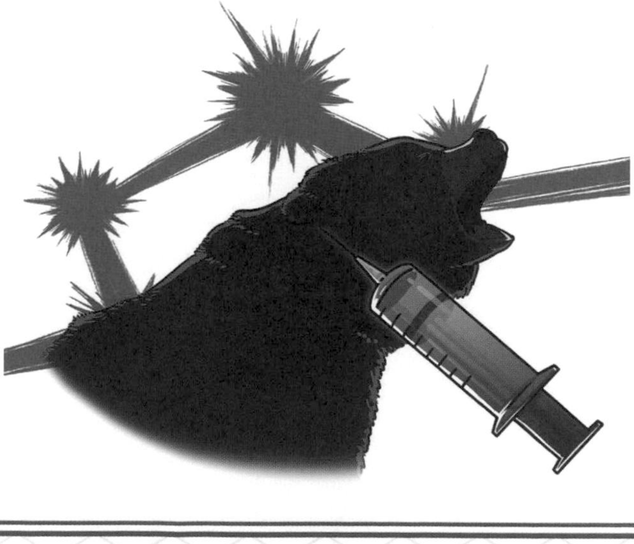

更可能遭受

**發炎**、**膿腫**和**膽結石**帶來的痛苦……

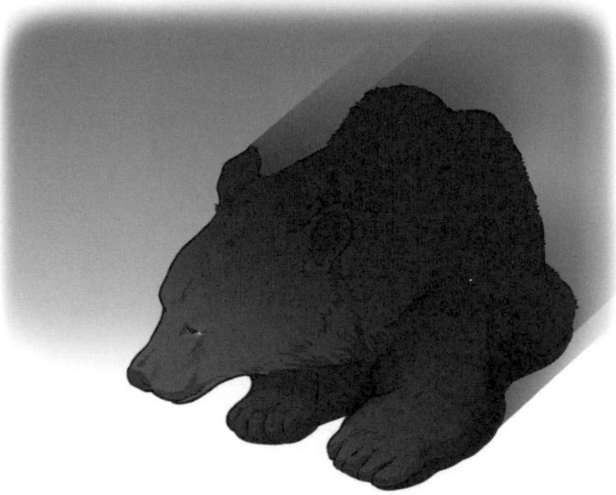

在相關機構的**揭露**和**呼籲**下，

**越來越多**的民眾

開始**反對**和**抵制**殘酷的熊膽產業！

有報告顯示 **83.9%** 的受訪者
希望**取消**活熊取膽業。

作為一種古老的生物，
牠**陪伴**人類走過了**漫長的歷史**。

而到了現代，
牠們卻要**面對痛苦**的對待……

對人類來說，
**生存**
**是必要的**，

但對於地球上的這個夥伴，
我們又是否可以有
**更好**的方式與之相處呢？

**【完】**

# 附錄

## 【熊的家族】

目前地球上共有八種熊：美洲黑熊、棕熊、北極熊、亞洲黑熊、懶熊、眼鏡熊、馬來熊和熊貓。只有北極熊是純粹的肉食動物，其他種類的熊均有不同程度的草食傾向，可算雜食動物。

## 【短跑健將】

雖然熊塊頭很大，但牠們全力奔跑時速度卻相當快。以黑熊為例，在崎嶇山路裡奔跑的黑熊時速可以達到 30 公里。所以遇到熊不要盲目驚慌逃竄，要保持冷靜，分情況應對。

# 附錄

## 【內八】

熊走路內八跟牠的體型、生活習慣以及演化過程都脫不開關係。除了因為吃東西時用爪子往內扒拉的習慣以外，最重要的是內八走路可以使身體重心前移，分擔後腿上的壓力。

## 【嗜甜如命】

熊大多愛吃蜂蜜，不管蜜蜂把巢穴藏在樹根下還是樹洞裡，牠們都能找到並且洗劫一空。雖然也會被蜜蜂叮，但牠們又厚又長的毛會成為「鎧甲」，抵擋住大部分攻擊。

# 附錄

## 【南極為什麼沒有熊？】

最普遍的一個說法是，在熊這個物種出現在地球上之前（大約是 2500 萬年前），南極洲就已經脫離其他大陸板塊，成為被海洋包圍的冰雪大陸了。所以熊，過不去……

## 【健胃整腸蟻】

黑熊喜歡吃螞蟻，除了因為螞蟻營養豐富以外，還有另一個原因：螞蟻被吃下肚後不會馬上死掉，牠們在胃腸中的「逃生」恰好幫助黑熊疏通腸胃，消化吃下去的野果等。

# 另外就是

**熊**有著相當長的演化歷史，最早可追溯到約萬年前。作為陸地上體型最大的肉食動物，牠們雖然看上去憨態可掬，但是其力量大、速度快，游泳爬樹樣樣在行，堪稱「猛獸中的猛獸」。可是因為人類，熊的存續遇到了前所未有的挑戰。世界自然保護聯盟（IUCN）研究顯示，世界上的八類熊中，有六類正在面臨滅絕的危險。這主要是因為人類活動將熊的棲息地變得越來越小，不僅使熊的種群分離，數量也隨之減少。而且為了以其毛皮、肉，甚至熊骨、熊膽等牟利，盜獵行為猖獗，屢禁不止……如今，在《瀕危野生動植物物種國際貿易公約》（CITES）中，熊已列入其內，嚴禁對熊進行商業性的國際貿易。中國也於年月日加入該公約，為保護動物貢獻力量。而我們能做的除了拒絕熊品以外，還要告知親友家人，讓更多的人行動起來，呵護熊，也是呵護我們的生態和家園。

# 肥志與小黃

## 四格小劇場

【第16話　吃健康點】

# 蛇的原來如此

傳說

埃及豔后，

這個以**美貌**

**征服**無數**男人**的絕世美女，

在 2000 年前**自殺**了！

而死的方式
就是用**毒蛇**毒死自己……

那**為什麼**選擇用**蛇**來自殺呢？

**蛇**，
是古埃及**常見**的動物。

古埃及有大量的**沼澤**和**沙漠**，

生活著**不同**的蛇。

在**朝夕相處**之中，
蛇慢慢變成了
古埃及人重要的**崇拜對象**！

在古埃及，
**守護女神**是蛇，

**收穫女神**是蛇，

食物和收穫女神列涅努忒特（Renenutet）

**守護冥界入口**的……還是**蛇**！

（還長了兩隻腳）

蛇形神奈卡哈烏（Nehebkahau）

古埃及人把蛇

當作**統治者**的象徵。

直立的**眼鏡蛇**

甚至象徵著**王權**和**神權**，

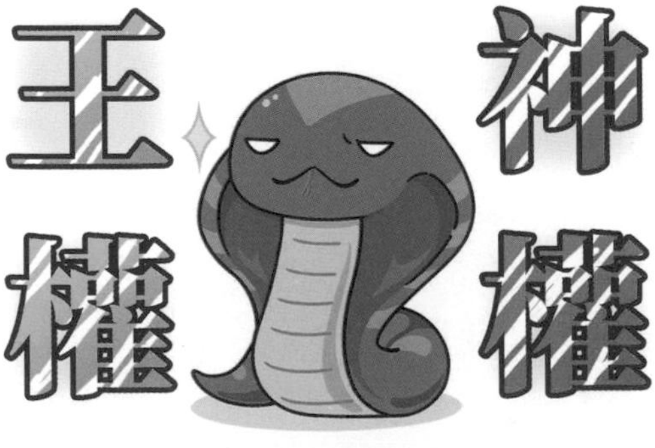

是**最高權威**的標誌！

你看法老的**冠冕**上
就**都有**一條眼鏡蛇。

所以埃及豔后**選擇用牠來自殺**，
其實也**彰顯**了**尊貴**。
（我瞎猜的……）

對蛇的**崇拜**，
古埃及**不是**唯一。

蛇由於可以**蛻皮**，

身上就帶有了
**「治癒」**和**「重生」**的光環！

在古希臘神話中，

# Ancient Greek Mythology

**醫神**阿斯克勒庇俄斯
就是用**蛇毒治病**的。

他手裡拿著的**木棍**
也纏著一條**蛇**。

這根著名的**單蛇杖**

現在已經成為**醫療**的象徵，

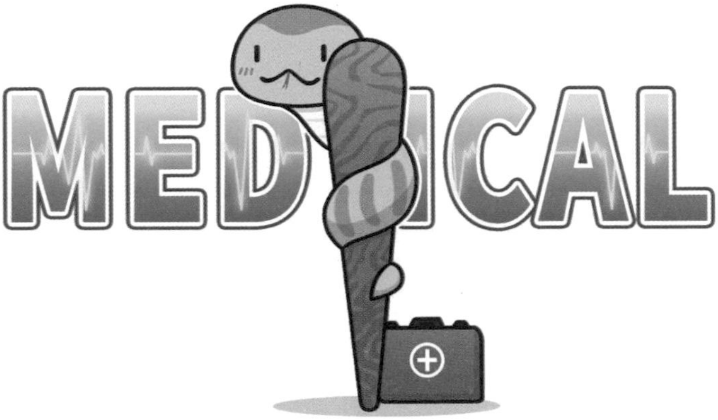


出現在

很多**醫療相關組織**的**標誌**上。

當然，除此之外，
**中國人**也是**「蛇粉」**。

三皇之一的**伏羲**，
還有造人的**女媧**，

都是**人首蛇身**的神明。

同時，
**蛇跟龍**也有著**密不可分**的「關係」。

蛇在**民間**又叫**「小龍」**！

在《洪範・五行傳》裡
鄭玄注：「蛇，龍之類也。」

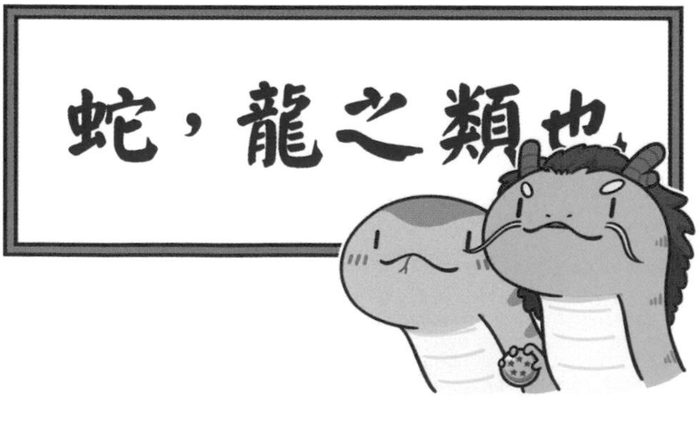

乾脆就
直接把蛇**歸進龍這類**了……

所以這麼看起來，
蛇也算是**「皇親國戚」**……

但是……
這要是**真的**遇上了蛇……

大部分人還是**直接嚇呆**……

**畢竟，**

蛇，是**天生的殺手**……

小蛇**剛破殼**，

就得**「自力更生」**。

牠們有一個**捕獵神器**，

那就是**舌頭**！

牠們用舌頭來**聞氣味**，
比人類的鼻子靈敏 **10000** 倍。

**分叉**的舌頭就像**兩根天線**，

把一切**獵物**
置於**「氣味」**的**雷達**之下。

另一方面，

蛇的**敏捷度**和**力量值**也很爆表。

以**蟒蛇**為例，

雖然**跑得不快**……

但靠著**瞬間爆發力**和一身**筋肉**，

獵物都是被活活**纏死的**，

反正畫面很**驚悚**就是了……

而這還沒算上蛇類中
各式各樣**用毒**的高手。

這樣的動物
是不是**超可怕**……

有科學家做了這麼個實驗，

他們向 **6 個月大**的嬰兒
展示**不同**的圖片，

當嬰兒看到蛇的圖片的時候，
瞳孔會**明顯變大**。

也就是說，
對蛇的**恐懼感**
其實已經**刻進**了我們的**基因中**。

這可能就是
蛇給咱們祖先留下的**心理陰影**吧……

然而事實上，
隨著人類**對蛇**的深入**研究**，

人們發現

蛇並沒有大家想的那麼危險。

牠們**很少**主動攻擊人類，

即便是**毒蛇**……

因為**毒液有限**，

不到**緊急關頭**，其實蛇是不會下殺手的。

另外，

現代已經有了**完善**的**醫療措施**。

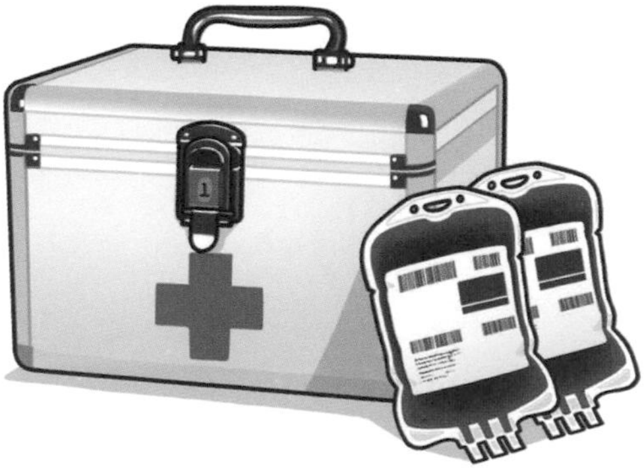

如果傷口**處理及時**，

**風險**將大大**減少**。

隨著認知的深入，
人們**對待蛇**比過去更加**冷靜**。

有些人
甚至還把蛇當作**寵物**，

成為自己**生活**中的**一部分**。

從曾經的**敬仰**和**畏懼**，

到**如今**的**瞭解**，
甚至漸漸**親近**，

蛇完成了牠的**華麗轉身**！

**【完】**

# 附錄

## 【保命絕技】

在遇到敵人的時候，有些蛇會發出嗞嗞的響聲，並使自己的身體膨脹，達到威懾敵人的目的；而有些蛇則會蜷縮成球形，把頭放在打卷的身體下，以保障自身的安全。

## 【一頓飽一年】

所有蛇都是肉食類動物，牠們可以吞下比自己體型大的獵物，然後花幾天至數週完成消化。而飽餐這一頓後，蛇便可以數月不進食。體型較大的蛇，例如：蟒蛇，甚至可以一年不吃東西。

# 附錄

## 【睜眼瞎】

蛇的視覺並不發達，一般只對運動的物體敏感，對靜止的物體則會比較遲鈍。盲蛇科有一種蛇的眼睛甚至已經退化，只保留了感受光明和黑暗的功能。

## 【冷血的蛇】

蛇是「冷血動物」，學術上稱為「變溫動物」，指調節自身體溫能力較差，非常容易受到外界氣溫影響的一類動物。這樣「冷血」的蛇在氣溫低於 10°C 時，便會漸漸停止活動以維持體溫。

# 附錄

## 【蛇中之王】

眼鏡王蛇是世界上最大的毒蛇（體長可達 5.6 公尺，約兩層樓高）。牠的毒液不僅毒性強，每次注入獵物體內的量也很大，能夠加速獵物的死亡，一個成年人被眼鏡王蛇咬後最快半個小時內便會身亡。

## 【兩棲動物】

大多數的蛇都會入水游泳，甚至有可能生活在水中。研究顯示：淡水水域的蛇（例如：水蛇）常在水的附近或水裡捕食，過著半水棲的生活；海水水域的海蛇則是終生生活在海水之中。

# 另外就是

**蛇**在人類眼中的象徵意義一直頗為複雜。一方面，牠是被崇拜的神靈和醫學的象徵；但同時，牠又常被視作邪惡的化身。在西方，蛇是使人類被逐出樂土、備受折磨的罪魁禍首；而在中國，「蛇蠍心腸」、「佛口蛇心」等成語也說明了蛇常代表毒辣、險惡。可見在東西方文化中，蛇都有不少「負面」形象。

至於蛇的「口碑」為何如此兩極化，有學者分析這可能跟我們的祖先有關。對遠古時期的人類來說，蛇過於強大和神祕，在人與蛇相處的過程中不占上風，導致人類對蛇的力量既崇拜，同時又很害怕受到傷害。這種「又愛又怕」的心理投射到蛇身上，最終形成了複雜的文化內涵。不過，隨著科學的發展，過去貼在蛇身上的種種標籤正在逐漸被剝落。像其他很多動物一樣，人類對蛇瞭解得越多，越能正視牠們的存在，並在相處的過程中找到與之和諧共存的方式。

# 肥志與小黃

**四格小劇場**

【第17話 清淡大廚】

好吧，一下子改變太多也不適應。
我重新做了一桌菜，咱們開始吃吧。
……
……
一點味道都沒有！這傢伙的口味太清淡了吧……
?

# 熊貓的原來如此

**2017 年初，**

**荷蘭**人花了 **700 萬**歐元

**建了**一座

富麗堂皇的傳統中式**庭院**。

這是**幹什麼**呢？

其實就是為了

恭迎兩位**遠道而來**的

**「貴賓」**——

**「武雯」** **和** **「星雅」**

兩隻**熊貓**（嗯！）。

這消息**傳回**中國，

那是相當**熱鬧**！

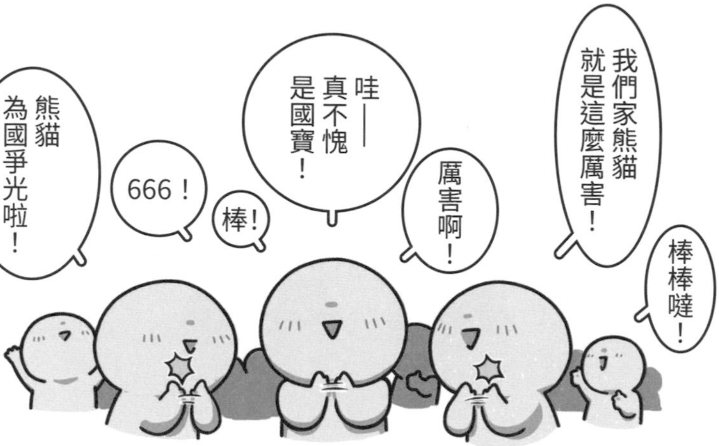
熊貓為國爭光啦！
666！
棒！
哇——真不愧是國寶！
厲害啊！
我們家熊貓就是這麼厲害！
棒棒噠！

網路鄉民紛紛**感嘆**：

下輩子
能當
就好
熊貓

嗯……

**但熊貓為什麼**
**這麼受歡迎呢？**

咱們還得從牠的**身世**探討起。

大約在

**熊貓**的祖先就已經
**出現**在了**中國**的土地上，

北起**北京**，南到**雲南**，
散布在很多地方。

中國的原始人祖先在**很早**的時候
就跟牠們有了**接觸**。

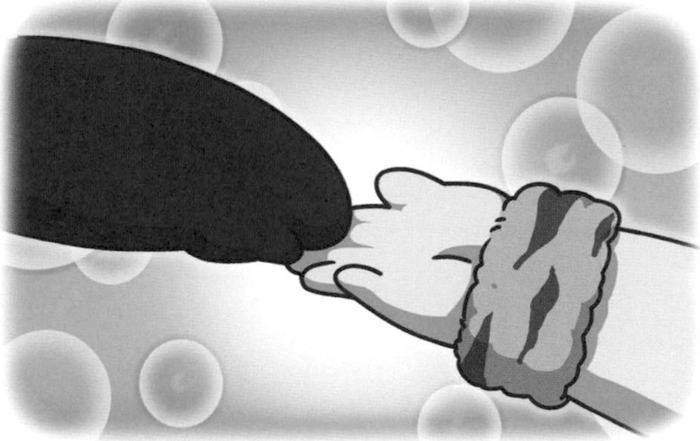

不過呢……
倒**不是**因為牠們**萌**，

而是因為牠們**好吃**……

熊貓們萌萌的**氣質**，
要到人類進入**文明社會**後
才開始有人**欣賞**。

例如：西漢的**薄太后**喜歡牠，

拿牠**陪葬**……

例如：女皇帝**武則天**喜歡牠，

拿牠送**日本天皇**玩賞……

（這……真的是被喜歡嗎？）

本來**按照**這個**進度**，
熊貓照理應該在古代
就成為**國寶**的，

可惜這**劇情急轉直下**……

**生產力**的發展
讓人類**不斷**繁衍和擴張，

即使熊貓再怎麼**受寵**……
也**無法**改變棲息地
被人類**搶走**的趨勢。

**幾千年**下來，

熊貓只能不斷**離鄉背井**……

不僅**數量**直線**下降**，

**庫存 0**

甚至連這個**物種**

都差點被**遺忘**……

**？？？**

眼看著熊貓**即將消失**，
那又是什麼事讓牠重新**逆襲**呢？

**咳咳**……
這就要從一群**探險家**說起了。
（大家跟上我的思路）

**19 世紀**後半期，
歐洲人開始了**探索**
**「新世界」**的探險熱。

探險家們從**世界各地**
**帶回**新奇的見聞和物種，

成了**當時**社會上的**名人**。

在這樣的**背景**下，
一個叫**阿爾芒・大衛**的法國人
在 1869 年來到了中國**四川**雅安，

他**發現**了一種被當地人
稱為**「白熊」**的怪熊。

**你猜得沒錯！**

那就是**「熊貓」**！

大衛**帶了**一隻熊貓**標本**回**巴黎**，

就這樣，

**整個歐洲**沸騰了……

歐洲人**從未見過**

這**黑白**兩色……

還**毛茸茸**的……

**狗熊！**

他們根據骨骼和牙齒**「斷定」**：

這種圓滾滾的萌物

是貓熊的**近親**。

（其實不是！）

於是乎，
就給牠**取名**……

從此，
一場**跨世紀**的
**「熊貓熱」**拉開了序幕。

人們**想盡辦法**
把熊貓**引進**到自己的國家。

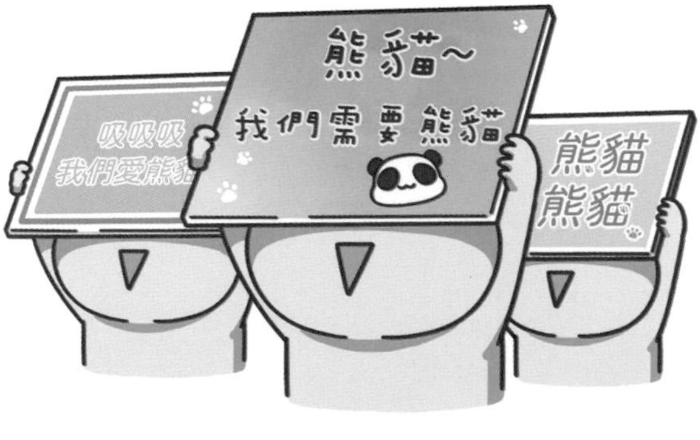

包括英國女王**伊莉莎白二世**、

盲人作家**海倫・凱勒**這樣的大咖，

都是熊貓的**「粉絲」**。

當這些**消息**

漂洋過海**傳回**到**國內**時，

大家才知道

原來**老外**這麼**喜歡熊貓**。

為了**增進**與其他國家的**友誼**，
1941 年中國第一次**送給美國**
一對熊貓。

這……
就是所謂的

從此，
熊貓成了中美、中日
關係**破冰**的**外交擔當**。

從那時起，
熊貓才**正式升格**
成了中國的**「國寶」**。

作為**和平友好**的象徵，
熊貓往來於**美**、**日**、**德**、**澳**等國家，

把這些**親善大使**

**帶到**了十幾個國家。

就像加拿大總理特魯多所說：

「熊貓是和平與友誼的象徵。」

即使每天只是**吃吃睡睡**，

牠仍然是全世界最歡樂的**福星**！

但到底熊貓究竟**有什麼魅力**？

**讓所有人都那麼愛牠呢？**

我想，就是因為**萌**！

因為，
這傢伙**明明**有一副熊的體格，

**咬合力也不輸獅子和獵豹，**

（熊貓的犬齒咬合力 =1298.9N，介於獅子和獵豹之間）

獅獅，豹豹，
今天我們
吃什麼好？

**但偏偏靠賣萌為生！**

不但**長相蠢萌**，

連**性格**也**蠢萌**，

牠就算躺在那**一整天不動**，

也沒有人會**指責**牠，

甚至還能短時間內**俘獲**你的內心，

**心甘情願**做牠的俘虜。

**唉**……

如果有一天，

我能**擁有**一隻熊貓……

**那就太幸福了！**

**【完】**

# 附錄

## 【雌雄難辨】

熊貓的雄性和雌性外形很接近，還曾經鬧過弄錯性別的笑話。中國在 1973 年送給法國兩隻熊貓，本來的計畫是贈送一雄一雌，後來才發現送的這兩隻都是雄性。

## 【貴族條件】

熊貓對於生活環境的要求很高。牠們不飲用靜止的水，偏愛流動的水；牠們喜歡竹子疏密合理，嫩竹和竹筍偏多的地方。因此，牠們往往不斷地在叢林中遊蕩，追逐自己喜愛的食物和水源。

附錄

## 【邊吃邊拉】

熊貓以竹子為生，每天對竹子的需求量非常大，大約要吃 15 公斤。因此，牠們的糞便量也很大，每天大概拉 100 團。在野外觀察中，專家們常常透過熊貓的糞便來統計熊貓的數量。

## 【吃了就睡】

對於熊貓來說，每天最重要的事情就是吃和睡。據統計，這兩項活動占據了熊貓一天 96%的時間。一隻熊貓每天有半天以上的時間用在找竹子和吃竹子上，還要再睡上將近十個小時。

# 附錄

## 【環保偶像】

世界自然基金會（WWF）是世界著名的非政府環境保護組織之一。基金會設立時，正巧熊貓「熙熙」到英國倫敦動物園訪問，基金會成員一致認為熊貓的影響力能克服語言的障礙，熊貓也就這樣成了 WWF 的標誌。

## 【竹子開花】

1970、1980 年代，發生了震驚全國的「竹子開花」事件。大面積的竹子因開花枯萎，導致許多熊貓缺糧甚至餓死。正是這次危機促使中國在 1987 年興建了成都熊貓繁育基地，次年還推出了《野生動物保護法》。

# 另外就是

**熊貓**作為中國特有的物種，每年都要花費很多的人力、物力去保護牠們。結果就是，世界自然保護聯盟（IUCN）在二〇一六年宣布熊貓的受威脅等級從「瀕危」降到了「易危」。不過，也有人會發出質疑：比熊貓稀有的物種還有很多，為什麼不多花錢去保護牠們？這就要提到生態保護中三個重要的概念：「指標物種」、「雨傘物種」和「旗艦物種」。簡單說來：「指標物種」就像是環境的溫度計，瞭解牠就能知道環境或者其他物種的狀態；「雨傘物種」就像一把傘，滿足牠的需求後，在同一個生活環境中的其他物種也能得到保護；「旗艦物種」就像是旗艦店，最重要的功能是吸引公眾的關注，為保護動物和環境積聚力量。如果某種動物能滿足以上三類條件中的任何一個，保護牠就等於是在保護與牠相關的整個生態環境。很明顯，中國的熊貓同時滿足了「雨傘物種」和「旗艦物種」的要求，當然值得我們大力去保護！

# 肥志與小黃

## 四格小劇場

【第18話　你吃什麼？】

你們鳳凰一族平時都吃什麼啊？
啊，例如小米啦……
新鮮的菜葉啦……
小蟲子啦，
種子啦，
麥皮啦……
這不就是小雞的餵法嗎……

# 大象的原來如此

在肯亞察沃國家公園內，
曾有一隻格外美麗的**大象**，

牠的名字叫**薩陶**。

牠**格外**受人矚目。

因為除了**體型高大**，

牠還擁有一對
**巨大**到能觸及地面的**象牙**。

然而今天，
薩陶的一切已經**變成了過去**……

因為……

**牠死了**……

2014 年，

薩陶被**盜獵者**殘忍地**殺害**。

而殺害牠的**動機**，

正是牠那**巨大**的**象牙**……

這無疑是**一場**……

令人心痛的**悲劇**！

而悲劇的**根源**正是：

# 象牙貿易

據統計，

從 2010 年到 2012 年，

因為象牙貿易被**獵殺**的非洲象多達

# 10萬頭

相當於**每天**，

有 **90 多頭**大象死於非命。

然而可怕的，不只是殺戮的**數量**，

殺戮的**方法**……則更令人**恐懼**！

因為象牙有 **1/3** 左右**長在肉裡**，

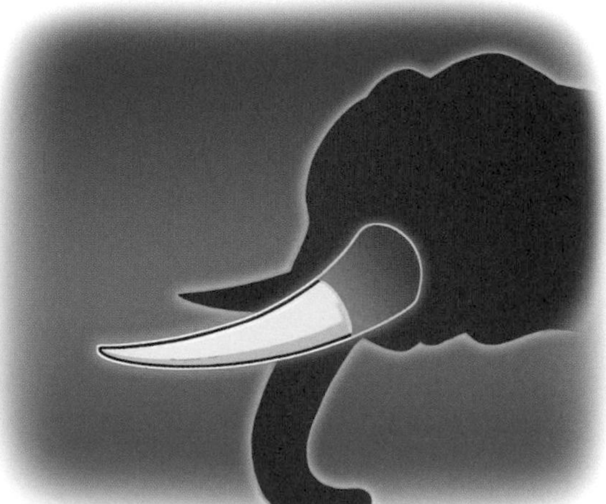

所以對於盜獵者來說，
要挖出**整根**象牙，

最**方便**的方法就是，
直接把大象的臉**整個砍掉**……

在這樣的方式下，
非洲大陸上留下了一具又一具
**慘不忍睹**的屍體……

在**黑市**裡，

象牙每公斤最高能賣到 **2100 美元**。

這份**誘惑**，

**吸引了**不同環節的**參與者**——

走私犯、仲介商、買家……

他們**環環相扣**，

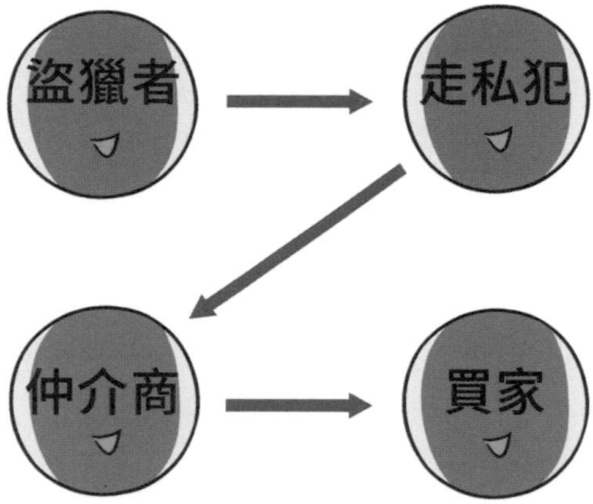


**構成**了完整的**象牙貿易**。

從歷史上看，
象牙貿易**由來已**久。

古時人們就發現
象牙**潔白**、**細膩**，**有光澤**，
十分漂亮，

於是把象牙做成了
各種精美的**工藝品**。

象牙雙連畫，成於西元 400 年左右（羅馬）

這樣的審美**流傳至今**，
所以無論在**亞洲**還是**歐美**，
象牙都是**搶手貨**。

早在西元 1 世紀，
就有一本名為
**《紅海環航記》**的書，

**記載**了東非象牙的**出口**。

**直到現代，**
非洲仍然向世界源源不斷地**輸出**象牙。

然而，

增長的**象牙貿易**

在**帶來財富**的同時，

卻給非洲象帶來了**滅頂之災**……

1970、1980 年代，

為了滿足

**歐洲、美國、日本**等國家或地區的需求，

野生非洲象被**瘋狂獵殺**，

數量從 **134 萬頭**，

**銳減**至 **41.5 萬頭**……

專家估計，
再這樣下去，
這些美麗的生物將在 **2032 年**
**徹底滅絕！**

這樣的**悲劇**引起了
所有熱愛動物的人的**關注**，

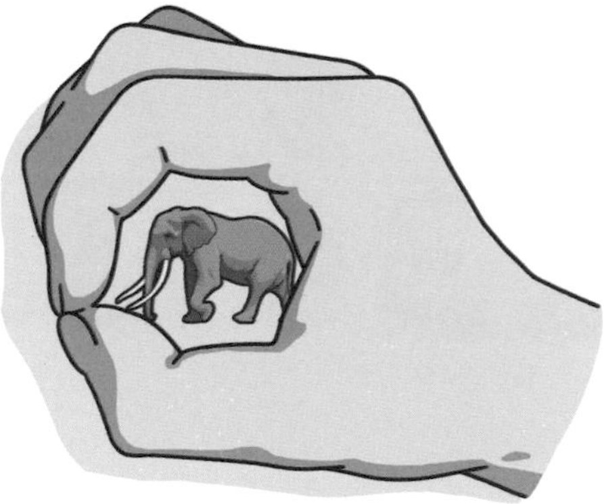

保護大象的**呼聲**越來越高。

終於，1989 年 102 個國家在

**《瀕危野生動植物種國際貿易公約》**

（CITES）會議中共同決定：

THE CONVENTION ON
INTERNATIONAL TRADE IN
ENDANGERED SPECIES OF
WILD FAUNA AND FLORA
CITES

全球範圍內，**全面禁止象牙貿易**。

（只有極少數保護工作做得好的國家，
有資格銷售象牙庫存，為保護野象籌集經費。）

我們國家也承諾：

2018 年起，**嚴禁一切**

有關象牙的**加工**和**銷售**。

但即便如此，
**盜獵**大象的現象依然**猖獗**。

例如：在盜獵**「重災區」**肯亞，

肯亞政府為了
保護大象免遭殺害，
在大象生存的**自然保護區**內
安排了許多**巡邏員**。

然而，盜獵者卻為了**利益**

**不惜殺人！！**

在肯亞野生動物管理局

專門紀念**反偷獵**行動中

逝去的人的**紀念碑**上，

已經有**不下 50 個**名字了……

甚至在 2017 年 8 月，
有一位**一生**都致力於
保護大象的**環保鬥士**，

**偉恩·洛特**
Wayne Lotter

在坦桑尼亞一座城市市區內
慘遭盜獵者**槍殺**。

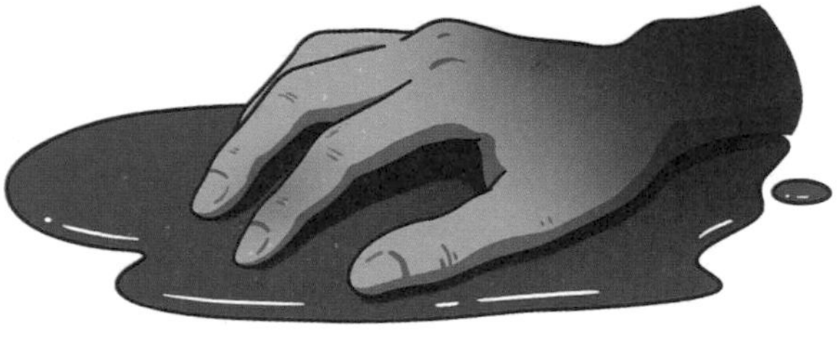

可見**盜獵者**已經倡狂到
直接把槍口**瞄向了人**……

所謂有**需求**才會有**市場**，
於是大家又開始
把目光聚焦在**買家**上面。

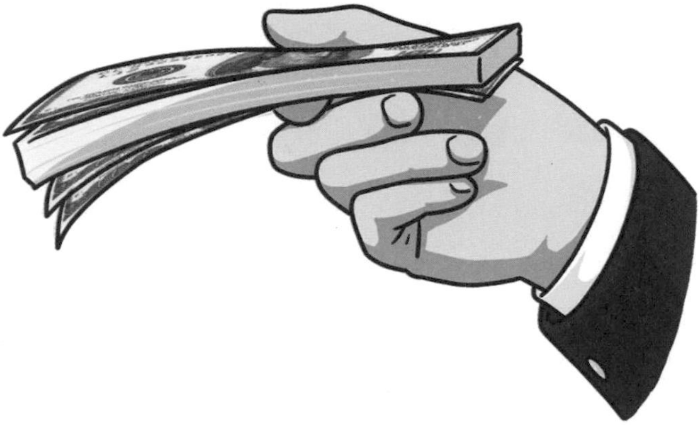

2012 年，致力於提高公眾
環保意識的美國公益組織——
野生救援**做了**一項**調查**。

結果顯示：
只有 **33%**的人瞭解象牙是
來自**盜獵**的；

而 **56.6%**的人認為
象牙來自
**自然死亡**的大象等其他途徑；

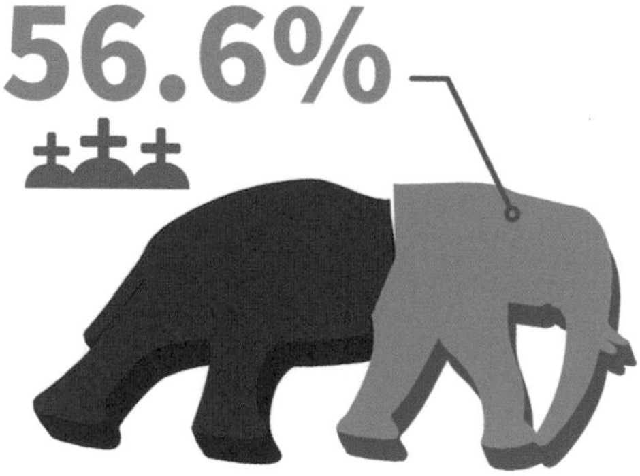


甚至還有 **9.3%**的人
選了**「未知」**。

對現實的**認知不足**，

導致這類人很容易**成為買家**，

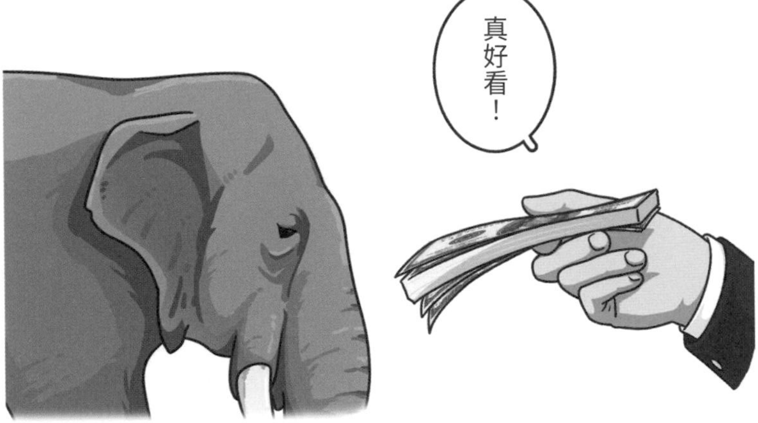


不知不覺**變成**了殺害大象的**幫兇**。

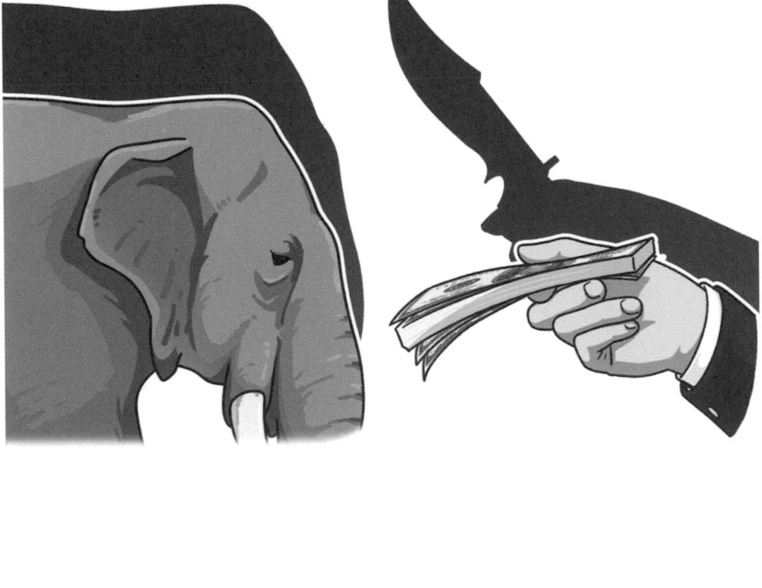

所以，加大宣傳，
讓所有人**看到真相**、**拒絕購買**
是**解決問題**的關鍵！

2014 年，中、美、紐西蘭聯合
推出了公益紀錄片**《野性的終結》**。

The End
OF THE WILD

片中，**姚明**擔任環保使者，
深入野生非洲象自然保護區，

用**血淋淋**的現實向人們展示
象牙貿易的**惡果**。

他們的努力匯成一句話，

# 「沒有買賣
# 就沒有殺害」

而且不光是**拒絕象牙**，

我們還可以從**改變**
對象牙的審**美**開始。

大象是一種**美麗又古老**的生物，
已和人類**共度**了數百萬年**光陰**。

很難想像有一天
地球上**再也看不到**大象的**身影**。

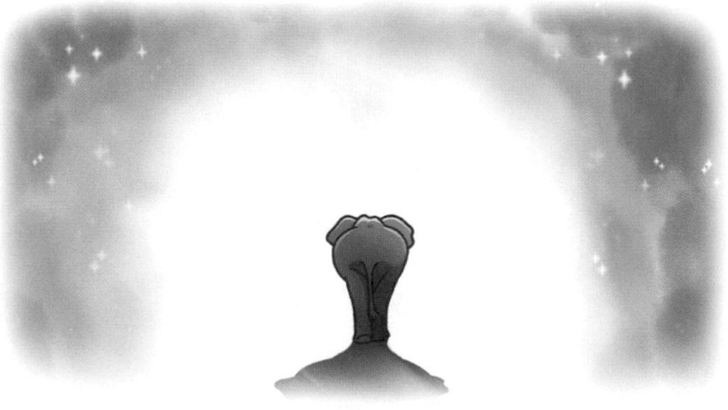

作為**人類**，
我們始終還是**希望**
能和這些美麗的生靈**一起**走下去。

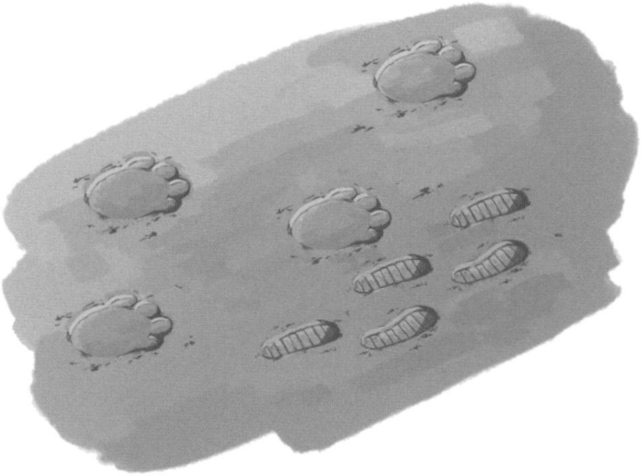

在未來的日子裡，
我希望帶著自己的孩子
去看**活生生**的大象，
而不是冰冷的象牙雕。

**【完】**

# 附錄

## 【實用工具】

不管是雌性還是雄性，非洲象都有長牙。牠們的長牙不僅看起來威武，更有很多實用價值，例如：用來剝樹皮、挖洞、搬開重物等，尤其在大象決鬥的時候，象牙是彰顯身手的利器。

## 【無牙求生】

象牙是大象生活中重要的工具，不過也有少數大象天生就不長象牙。由於偷獵者盯著大象的長牙，沒有長牙的大象反而僥倖地活了下來。這種大象繁衍下來，象群中沒有象牙的個體就越來越多了。

# 附錄

## 【超能鼻子】

大象的鼻子既可以聞味道，又可以像手臂一樣舉起重物。人體肌肉總共才只有 639 塊，而據生物學家估算，大象鼻子上共有約 4 萬塊肌肉。一隻成年大象可用象鼻舉起超過 200 公斤重的物體。

## 【機智的大象】

經多年研究後科學家們發現，大象有著極高的智商。牠們不但可以記住幾百公里以外的水源，並且每天往返，還有極強的「社交能力」，注重象群之間的交流，甚至會為自己死去的同伴默哀。

# 附錄

## 【「無聲」聊天】

大象是一種社會性很強的動物，像人類一樣，牠們也有用來溝通的語言。只不過大象說話的頻率都在 14-24 赫茲之間，大部分在人類聽力範圍以外。因此，我們很難聽到大象們聊天的聲音。

## 【不能跳】

大象的身體結構決定了大象不具有跳躍的能力，牠們體重巨大且腿部關節也不太靈活。另外，大象在生活中甚至都很少跑步，大部分都是比較緩慢地行走，最快的速度也只有大約時速 24 公里。

# 另外就是

**從人類**誕生的第一天起，我們就知道大象這種龐然大物的存在。大約四千年前，人類見證了古代猛獁象的滅絕，而今天因為象牙，我們把牠們的「近親」——野生非洲象逼上了絕路。為了拯救這種聰明而又美麗的生物，國際社會正在嘗試聯合立法禁止象牙買賣，首倡者之一正是中國。

二〇一五年，中國和美國聯手向世界宣布將逐步停止本國象牙貿易，標誌著全球兩大象牙貿易國準備從源頭掐斷象牙走私。此後，中國率先兌現承諾，也就是說從二〇一八年一月一日起在中國大陸範圍內再沒有「合法買賣象牙」一說。隨後英國、荷蘭和中國香港跟進，美國迄今為止已有九個州頒布法令禁止象牙製品貿易……越來越多國家或地區的加入，似乎讓人們看到一個沒有象牙買賣，大象可以自由生活的世界正在向我們走來。在此之前，請記住每一個精緻的象牙製品背後，都是一個鮮活的生命。保護大象，從抵制象牙買賣做起！

樂觀與勇敢

BE BRIGHT & BRAVE

FATCHI ENCYCLOPEDIA